KLEINE
GESUNDHEITS-BIBLIOTHEK

HEILEN MIT *Düften*

Sonderausgabe

Die in diesem Ratgeber vorgeschlagenen Anwendungen und Rezepte wurden sorgfältig überprüft. Eine Garantie bzw. Haftung kann jedoch nicht übernommen werden.

1998 Trautwein Ratgeber-Edition
Genehmigte Sonderausgabe

Chefredaktion: Claudia Schäfer
Redaktion: Tamara Hansinger, Stefan Richter
Redaktionsassistenz: Gudrun Kurth
Text: Dagmar Fronius-Gaier
Umschlaggestaltung: Inga Koch
Herstellung: Uwe Eckhard, Gunther Jaich
ISBN 3-8174-5232-2
5252321

INHALT

Vorwort

Aromatherapie heilt und pflegt mit natürlichen Düften. Es gibt eine breite Palette an ätherischen Ölen, die aus Pflanzen gewonnen werden.

Diese kostbaren Essenzen, die in kleinen Fläschchen gehandelt werden, enthalten das charakteristische Wesen der jeweiligen Pflanze, sozusagen ihre „Persönlichkeit". Mit dem Wohlgeruch entsteigt der sprichwörtliche Geist aus der Flasche.

Aromatherapie ist Vorbeugung und Behandlung von Krankheiten mit ätherischen Ölen, gewonnen von aromatischen Pflanzen. Ihr Ziel ist es, die natürlichen Heil- und Regulationskräfte in Körper und Psyche anzuregen und zu stärken.

Als vorbeugende Medizin wird sie vorrangig am gesunden Menschen angewendet. Auch in Körper- und Schönheitspflege entfalten ätherische Öle ihre wohltuenden Wirkungen.

Die Aromatherapie

Die Geschichte der Aromatherapie

In allen alten Hochkulturen wurden ätherische Öle benutzt. Bei Opferfeierlichkeiten waren sie wichtiger Bestandteil des Kults – und bis heute ist die Verwendung von Weihrauch in der katholischen Kirche üblich. In Ägypten wurde ihre antiseptische Kraft zur Einbalsamierung und Mumifizierung genutzt. Ihre Heilkraft war auch im antiken Griechenland, im römischen Reich, ebenso in China und in Indien bekannt.

In der kräuterkundigen Zeit des Mittelalters war die – damals noch nicht so benannte – Aromatherapie weit verbreitet, geriet dann aber allmählich in Vergessenheit. Erst im 20. Jahrhundert „erwachte" das alte Wissen aus seinem „Dornröschenschlaf", um vom Interesse der modernen Wissenschaft aufgegriffen zu werden.

In Frankreich, dem Land der Parfumeure, arbeitete der Chemiker René Maurice Gattefossé, der als Vater der Aromatherapie gilt, am kosmetischen und medizinischen Wirkungsspektrum der Essenzen. Er prägte den Begriff Aromatherapie. Der Mediziner Dr. Jean Valnet sammelte als Sanitäter Erfahrungen über die heilenden und keimtötenden Fähigkeiten der Pflanzenessenzen und sorgte für deren Anerkennung nicht nur unter Wissenschaftlern, sondern auch bei einem breiten Publikum.

In Italien interessierten sich einige Forscher (Rovesti, Gatti und Cajola) besonders für die harmonisierende Wirkung der ätherischen Öle auf die menschliche Psyche.

Heute befassen sich Heilpraktiker, Naturheilärzte und Wissenschaftler in aller Welt mit der Aromatherapie. Auch in Deutschland findet diese ganzheitliche Heilmethode in den letzten Jahren zunehmende Verbreitung.

Einsatzmöglichkeiten der Aromatherapie

Das Anwendungsspektrum der ätherischen Öle ist sehr vielseitig, denn ihre Wirkung ist umfassend, sowohl heilend und vorbeugend als auch pflegend und verwöhnend.

Der therapeutische Ansatz, die Selbstheilungskräfte des menschlichen Körpers zu wecken, ist im Rahmen von Naturheilkunde und Ganzheitsmedizin anzusiedeln.

Dabei werden Seele, Geist und Körper als Ganzes angesprochen und in ihrem feinen Zusammenspiel harmonisiert. Mit Aromatherapie können körperliche Symptome, wie z. B. Depressionen, Angstzustände und Unruhe, behandelt werden (Psycho-Aromatherapie). Die individuelle Ölauswahl verfolgt das Anliegen, das Individuum in ein Gleichgewicht zu seinen Anlagen zu bringen.

Die Behandlung ist gut mit den meisten anderen Therapien kombinierbar, mit Ausnahme der Homöopathie. Bei letzterer besteht nämlich die Gefahr einer Aufhebung der Arzneimittelwirkung durch die Essenzen.

Während die pflegende und vorbeugende Anwendung nach einer „Einarbeitung" in die Materie problemlos in Eigenenergie durchgeführt werden kann, sollte eine aromatherapeutische Krankheitsbehandlung stets nur unter Begleitung eines erfahrenen Aromatherapeuten oder Heilpraktikers vorgenommen werden. Dies gilt auch für die innere Anwendung der Essenzen mit Ausnahme der Speisearomatisierung. Hierbei werden die ätherischen Öle anstelle von Gewürzen feindosiert zugesetzt.

Richtig angewandt ist die Aromatherapie eine Therapie ohne unerwünschte Nebenwirkungen – sie ist darüber hinaus eine heitere und sinnenfreudige Methode, die uns Lebensfreude schenkt.

Die äußerlichen Anwendungen der ätherischen Öle basieren auf der Aufnahme über die Nase oder die Haut (subcutan). Dazu bieten sich folgende Möglichkeiten an:

Aufnahme über die Nase:

Wohnraumaromatisierung mit der Aromalampe
Inhalation (mit dem Aerosolgerät)
Saunaaufguß
Parfums (Kosmetik)

Aufnahme über die Haut mittels Gesichts- und Körperpflege:

Gesichtsdampfbäder
Gesichtsöle

Gesichtscremes
Gesichtsmasken
Lippenbalsam
Haarshampoos
Haarkuren
Körperpflegeöle
Heilöle
Badezusätze
Kompressen

Aufnahme über die Haut durch dekorative Kosmetika und Parfums.

Darauf sollten Sie stets achten:

- Ätherische Öle nie pur auf die Haut und Schleimhäute auftragen (Ausnahmen sind z. B. Warzen).
- Ätherische Öle nicht in Augennähe auftragen.
- Körperöle am besten nach dem Duschen in die warme Haut einreiben, die Poren sind dann weit geöffnet.
- Während der Einnahme homöopathischer Arzneien auf die Verwendung ätherischer Öle verzichten.

Ätherische Öle

Was sind ätherische Öle?

Ätherische Öle sind die Verkörperung des unsichtbaren Pflanzenduftes. Als feinmolekulare, organische Substanz bilden sie den „Duftleib" der Pflanze, der all ihre charakteristischen Merkmale enthält. Der Duft jeder Pflanze ist einzigartig und Träger all ihrer Eigenschaften. Aufgrund dieses Zusammenhangs bezeichnet man die ätherischen Öle auch als „Essenz", „Geist", „Seele" oder „Wesen" der Pflanze.

Man kann sie darüber hinaus als „materialisierte Sonnenenergie“ bezeichnen, da sie in den Chloroplasten der Blätter, am Ort der Photosynthese, an dem sich Licht und Materie verbinden, entstehen. Sie verbleiben aber nicht dort, sondern wandern mit Hilfe von Einfachzuckern als Träger zu den verschiedenen Pflanzenteilen wie Wurzeln, Blättern, Blüten, Samen, Früchten, Harz, Rinde, Holz und äußerer Fruchtschale.

Teilweise sind die kleinen Öltröpfchen sogar mit bloßem Auge erkennbar, z. B. in Orangenschalen oder in den Blättern des Johanniskrauts, wenn man diese gegen das Licht hält.

Die Anzahl ätherischer Öle in der Natur, die sich jeweils unterschiedlich aus verschiedenen organischen Verbindungen (wie Akoholen, Estern, Terpenen, organischen Säuren) zusammensetzen, ist riesengroß. Etwa 700 verschiedene werden gewonnen, wobei die Aromatherapie mit ca. 70 Ölen arbeitet. Allen gemeinsam ist die Eigenschaft, sich an der Luft zu verflüchtigen, ganz im Gegensatz zu den sogenannten fetten Ölen wie Olivenöl oder

Sonnenblumenöl, deren Schwerfälligkeit sich hin und wieder als bleibender Fettfleck auf Kleidern und Materialien bemerkbar macht.

Ihre Löslichkeit in Wasser ist schlecht. Gut mischbar sind sie dafür mit Alkohol, Äther, fetten Ölen, Seifen, natürlichen Emulsionen und Emulgatoren (wie Milch, Sahne, Honig, Eigelb). Gegenüber Licht und Wärme sind sie empfindlich. Ihre Konsistenz ist unterschiedlich und reicht von flüssig bis zähflüssig. Sie sind farblos bis leicht getönt oder braun, auch intensive Farben wie Tiefblau oder Hellgrün sind möglich.

Ätherische Öle erfüllen für die Pflanze selbst folgende wichtige Funktionen:

- Sie locken nützliche Insekten an und halten unerwünschte Schädlinge ab.

- Ihre keimtötende Eigenschaft schützt die Ölpflanze vor Bakterien- und Pilzbefall.

- Sie geben der Pflanze Schutz vor extremen Temperaturschwankungen, indem sie ein günstiges Kleinklima um die Pflanze herum erzeugen.

Die ätherischen Öle erfüllen zudem wichtige Funktionen für Tier und Mensch. Über sie gewinnen wir Zugang zur energetischen Stärke, zur Persönlichkeit und zu den heilenden Fähigkeiten der einzelnen Pflanzen. Die in ihnen konzentrierte Energie und ihre hohe Beweglichkeit äußern sich in einer hohen Schwingungsfrequenz, die sich auch messen läßt.

Dieses erworbene Wissen sollte uns Anlaß sein, sehr sorgsam mit diesen kostbaren und hochwirksamen Substanzen, die uns die Natur zur Verfügung stellt, umzugehen.

Die Gewinnung ätherischer Öle

Die Gewinnung der kostbaren Pflanzenduftstoffe ist eine Kunst, die mehrmals in Vergessenheit geriet. Funde von Destillationsapparaten deuten auf eine ca. 5000 Jahre alte Kenntnis der Duftstoffgewinnung hin.

Die Wasserdampfdestillation ist die traditionelle und älteste Gewinnungsmethode. Dabei werden die Pflanzenteile mit der höchsten Konzentration an ätherischen Ölen zerkleinert und in einem großen Bottich (Alambic) mit Wasser vermischt. Im unter Druck erhitzten Gefäß entsteht eine gasförmige Verbindung aus Wasserdampf und ätherischem Öldampf. Bei der anschließenden Abkühlung über einer gekühlten Kupferschlange verflüssigen sich Wasser und Öle wieder (Kondensation), wobei die leichteren Öltröpfchen auf der Wasseroberfläche schwimmen. Das Destillat wird in einem Gefäß aufgefangen und die Öltröpfchen durch Abschöpfen oder mit Hilfe einer Venezianischen Flasche abgetrennt.

Teilweise werden die Pflanzen auch auf einem Gitterrost über dem Wasserbehälter ausgebreitet, wobei der aufsteigende Wasserdampf die ätherischen Öle aufnimmt. Dabei ergibt sich eine besonders hohe Ölausbeute.

Eine gute Destillation erfordert erfahrene Fachleute, die Druck, Temperatur und Zeit optimal auf das einzelne Öl einzustellen wissen. Sehr hochwertige Öle sind in der Herstellung äußerst zeitaufwendig.

Hoher Druck und hohe Temperaturen verkürzen zwar die Gewinnungszeit bei gleichzeitiger Erhöhung der Ausbeute, doch werden dabei wichtige Inhaltsstoffe zerstört. Ein qualitativ hochwertiges Öl ist eine komplexe Verbindung aus einer Vielzahl verschiedener Inhaltsstoffe, was in seinem „vollen" Geruch zum Ausdruck kommt.

Minderwertige, schnell hergestellte Öle entbehren der Fülle und Tiefe des Aromas und sind in ihrer Heilwirkung vermindert, da nicht vollständig in der Zusammensetzung.

Als Nebenprodukt der Destillation entstehen sogenannte „Hydrolate" oder „Aquarome". Diese sind schwach duftende, kondensierte Wasser, die noch einzelne Aromamoleküle enthalten. Sie eignen sich besonders zur inneren Anwendung.

Einfache Pressung, die meist maschinell durchgeführt wird, ist eine Methode, mit der nur wenige Öle gewonnen werden können. Geeignet sind dafür die Schalen von Zitrusfrüchten, in denen sich die Duftstoffe der Früchte anreichern.

Die Schalen werden fein zerkleinert und anschließend mit etwas Wasser vermischt ausgepreßt. Das entstehende Gemisch aus ätherischem Öl und Wasser wird unter Zuhilfenahme einer Zentrifuge getrennt.

Schonende Kaltpressung ist ähnlich wie bei fetten Ölen auschlaggebend für die Qualität des Produkts. Weiteres Qualitätsmerkmal ist die Verwendung von ungespritzten Früchten aus biologischem Anbau.

Durch Kaltpressung gewonnene Öle sind Orange, Zitrone, Mandarine, Grapefruit und Bergamotte.

Das Herausziehen, die „Extraktion“ mit flüchtigen Lösungsmitteln wie Alkohol, Hexan, Petroläther, Tetrachlormethan ist eine relativ junge Methode. Dieses Verfahren wird aufgrund der höheren Ausbeute auch bei Pflanzen (Jasmin, Tuberose), bei denen die anderen Methoden scheitern, angewendet.

Chemische Lösungsmittel tragen im Anschluß an die Wasserdampfdestillation zur Gewinnung letzter Reste an ätherischen Ölen bei.

Die Lösungsmittel selbst werden ebenfalls durch Destillation wieder entfernt. Das entstandene Produkt ist von salbenartiger Konsistenz und wird als „Concrète“ bezeichnet. Um das endgültige „Absolue“ zu erhalten, müssen noch die Pflanzenwachse entfernt werden, was mit Alkohol geschieht.

Lösungsmittelrückstände sind niemals ganz zu vermeiden, wobei die Stoffe zum Teil hochgiftig sind. Deshalb sind durch Extraktion gewonnene Absolue-Öle in der Aromatherapie niemals innerlich anzuwenden! Die Lösungsmittel können Allergien auslösen oder das Immunsystem schädigen.

Eine ebenfalls noch „junge“ Methode ist die „Enfleurage". Pflanzenteile von sehr empfindlichen

Pflanzen, z. B. Jasminblüten, werden in Schweinefett gelegt, welches die Duftstoffe aufsaugt. Dabei müssen die Blüten in einem wochenlangen Prozeß alle zwei Tage erneuert werden. Ist das Fett mit Duftstoffen gesättigt, werden diese durch Alkoholextraktion „herausgeholt". Diese zeitaufwendige, kostspielige Methode wird selten praktiziert, da die Preise der qualitativ sehr hochwertigen Öle dann sehr hoch angesetzt werden müssen.

Die erst seit kurzem praktizierte Gewinnung mit flüssigem CO_2 oder Butan als Lösungsmittel ergibt eine im Vergleich zur Wasserdampfdestillation andere Zusammensetzung der Öle. Ihre therapeutische Wirksamkeit ist noch nicht ganz erforscht.

Die „Resinoid"-Herstellung geschieht auch mit Hilfe von Lösungsmitteln. Damit können ätherische Öle aus Harzen gelöst werden. Das Harz wird zusammen mit Toluol oder Alkohol erhitzt, wobei sich das Öl herauslöst. Das Lösungsmittel wird durch Abdampfen entfernt. Auch hierbei sind Lösungsmittelrückstände unvermeidbar, weshalb der Gewinnung mit Alkohol der Vorzug zu geben ist.

Die Ergiebigkeit der verschiedenen Gewinnugsmethoden hängt u.a. von den verwendeten Pflanzenarten ab. Der Gehalt der einzelnen Pflanzen an ätherischem Öl ist sehr unterschiedlich und bewegt sich zwischen 0,01 und 10 %; die Gewinnung lohnt meist erst ab einem Gehalt von 0,1 %. Ansonsten werden die Essenzen extrem teuer.

Günstig für die Gewinnung sind Nadelbäume, Myrtengewächs, Minzearten, Lippenblütler und Zitrusfrüchte, die sehr reich an ätherischen Ölen sind. Die daraus gewonnen Essenzen sind dementsprechend günstig im Preis.

Zu den teuersten und kostbarsten Essenzen gehören Jasmin, Rose und Neroli. Für 1 kg Jasminöl benötigt man beispielsweise ca. 1000 kg Jasminblüten, für 1 kg Rosenöl 2000 kg Rosenblüten und für 1 kg Neroli 1500 kg Bitterorangenblüten. Für 1 kg Lemongrass benötigt man dagegen nur 50 kg Gras, für 1 kg Lavendelöl 160 kg Lavendel und für 1 kg Zitronenöl 1000 Zitronen. Die Ergiebigkeit wird zudem vom Standort der Pflanzen, der Sonneneinstrahlung und dem Erntezeitpunkt beeinflußt.

Besonders wertvoll sind Öle aus wildgewachsenen Pflanzen oder aus kontrolliert biologischem Anbau.

Die Ölqualität

Die Qualität der ätherischen Öle ist, wie bereits erwähnt, sehr unterschiedlich. Für den Laien ist sie häufig kaum zu erkennen. Die undurchsichtige Marktsituation begünstigt Pfuscher und Fälscher. Ein geschützter Begriff für reine ätherische Öle existiert bis jetzt noch nicht. Der Einkauf ist demnach zu einem großen Teil Vertrauenssache. Erkundigen Sie sich auf alle Fälle nach folgenden Qualitätskriterien:

Anbau

Beste Qualität bei optimalem Gehalt an ätherischen Ölen liefern Pflanzen aus den traditionellen Anbaugebieten, wie Lavendel aus der Haute Provence oder Orangenblüten aus Sizilien. Intensivanbau in großen Monokulturen kann an Fülle und Duftintensität verminderte Öle liefern.

Weitere Einflußfaktoren auf Ergiebigkeit und Qualität der gewonnenen Essenzen sind die verwendeten Pflanzenarten und der Erntezeitpunkt. So werden beispielsweise verschiedene Rosensorten zu Ölen unterschiedlicher Duftnote und Preislage verarbeitet; der optimale Erntezeitpunkt für Jasminblüten liegt in der Abenddämmerung, wenn diese Pflanze ihre Duftfülle entfaltet. Als lebendige Stoffe, die ihre chemische Zusammensetzung ständig verändern, haben ätherische Öle, ähnlich Weinen, niemals eine gleichbleibende Qualität.

Gewinnung

Die besten Öle liefert die Wasserdampfdestillation bei langem Verlauf und niedrigen Temperaturen. Chemisch extrahierte Öle sind aufgrund ihrer Rückstandsbelastung mit Vorsicht zu genießen.

Von minderer Qualität sind Essenzen, die aus den Rückständen der Wasserdampfdestillation gewonnen werden.

Mit synthetisch hergestellten Produkten, die häufig als „natürlich“ sehr billig im Handel zu finden sind, kauft man einen im Labor künstlich zusammengebastelten Stoff, dem es an jeglicher Lebenskraft und demzufolge an Heilwert fehlt. Zudem weiß man, daß eine aus vielen, darunter womöglich unbekannten Stoffen komplex zusammengesetzte natürliche Essenz wirksamer ist als ihr Hauptwirkstoff allein.

Reinheit

Wenige, anspruchsvolle Firmen lassen ihre Öle auf Echtheit und Rückstände (Lösungsmittel, Pestizide) untersuchen. Aufschluß geben verschiedene Untersuchungsmethoden, z. B. Gaschromatographie, Massenspektroskopie, Kirlianfotographie, Steigbild- und Eisblumenmethode. In sensorischen Prüfungen untersuchen erfahrene Prüfer die Fülle des Duftes.

Neben synthetischen Ölen finden sich gestreckte und halbsynthetische Essenzen auf dem Markt. Sie werden in der Fachsprache als „sauce" bezeichnet. Gestreckt wird auch mit fetten Ölen, Mineralölen und Petroleum. Teilweise werden natürliche Essenzen mit billigeren pflanzlichen vermischt, z. B. Zitrone mit preisgünstigem Lemongrass, Zirbelkiefer mit Latschenkiefer u.a.m. Dadurch sind niedrigere Preise möglich, doch wird der Heilwert der Essenzen verändert.

Sogenannte „Apothekenöle" müssen bestimmte Eigenschaften haben. Dementsprechend wird an solchen Essenzen durch Hinzufügen einzelner synthetischer oder natürlicher Stoffe „gebastelt". Die sehr unterschiedlichen Preise sind hingegen kein Anhaltspunkt für die Ölqualität.

Wie wirken ätherische Öle?

Die Behandlung der Wirkung ätherischer Öle führt zur näheren Betrachtung unseres Geruchssinnes, unseres entwicklungsgeschichtlich ältesten Sinnes, mit Sitz im Limbischen System, auch „Riechhirn" genannt. Dieses gehört zum Stammhirn, dem ältesten Gehirnteil. Aus diesem Grunde werden Duftreize, im Unterschied zu den jüngeren Sinnesfunktionen wie Hören und Sehen, „unzensiert" vom Bewußtsein verarbeitet.

Der Geruchssinn verbindet uns mit unseren tiefsten Seelenschichten, unbewußten Motivationen und gespeicherten Erinnerungen. Unsere Sexualität, Kreativität und die Regulation des vegetativen Nervensystems sind eng mit ihm verbunden.

Als „Nachrichtenüberbringer" fungieren die Duftmoleküle, die in der Nase auf die Riechschleimhaut treffen. Hier befindet sich die Umschaltstelle, wo der chemische Reiz des Duftmoleküls als elektrischer Reiz an das Riechhirn weitergeleitet wird. Jedes Duftmolekül verfügt über eine spezifische molekulare Schwingung. Die Verarbeitung der Informationen geschieht im Riechhirn über die Sekretion neurochemischer Stoffe (Encephaline, Endorphine, Serotonin, Noradrenalin).

Jeder Mensch verfügt über persönliche Dufterfahrungen, die die positive oder negative Verarbeitung einzelner Düfte mitbestimmen. Über Düfte treten wir miteinander in Verbindung. Sexualität und Partnerwahl werden stark durch feine Duftsignale beeinflußt, was uns häufig unbewußt bleibt. Redewendungen wie „den kann ich nicht riechen“ oder „du stinkst mir“ weisen auf den engen Zusammenhang zwischen Zu- bzw. Abneigung und Körperdüften hin.

Jeder Mensch sendet seinen persönlichen Duft aus, der mit Krankheiten und seelischen Stimmungen wechselt. Erotische Duftbotschaften machen uns empfänglich für Sexualität und wecken unsere Sinnlichkeit. Die wirksamen Duftmoleküle nennt man „Pheromone“, die eine hormonähnliche Wirkung entfalten und in vielen ätherischen Ölen zu finden sind.

Mit Düften können wir negative Stimmungen verändern, festgefahrene Einstellungen und Haltungen lockern, alte Erinnerungen wecken, da Düfte und Stimmungen im Gedächtnis miteinander verbunden werden.

Düfte können uns inspirieren, unsere Konzentrationsfähigkeit steigern und Störungen im vegetativen Nervensystem beheben helfen.

Düfte können uns auch warnen, z. B. Fäulnisgerüche oder stechende Gerüche.

Auch gibt es synthetisch erzeugte Düfte, die unangenehme Gefühle wie Angst und Beklemmung auslösen können.

Ein gut entwickelter Geruchssinn hilft uns, gezielt angebrachte künstliche Düfte zu entdecken, wie sie z. B. bereits in den USA zur künstlichen Warenbeduftung verwendet werden.

Die zweite Eingangspforte für Duftmoleküle ist neben der Nase unsere Haut, das größte Organ unseres Körpers. Über Einreibung, Bäder und Massagen gelangen die Duftmoleküle in den Stoffwechsel.

In ihrer Wirkungsweise haben die einzelnen Essenzen einen mehr „weiblich" (Yin) oder „männlich" (Yang) betonten Charakter.

„Weibliche" Essenzen entsprechen den Funktionen der weiblichen Hormone (Östrogene), wie Förderung des Aufbaustoffwechsels, Entspannung und Beruhigung, während „männliche" Essenzen, entsprechend den männlichen Hormonen (Androgene), Abbaustoffwechsel und Aktivität anregen.

Durch richtige Ölauswahl können wir Einseitigkeiten ausgleichen helfen, um das harmonische Zusammenspiel zwischen männlichen und weiblichen Anteilen zu einer Ganzheit zu fördern.

Im Verhältnis zwischen Mensch und Pflanze läßt sich eine Beziehung zwischen Ölen aus Wurzelteilen der Pflanze und Unterleibsorganen, zwischen Blattölen und Oberkörper sowie zwischen Blütenölen und Kopf herstellen.

Wurzelöle „erden" uns. Sie vermitteln uns einen besseren Kontakt zu unserer Körperlichkeit als Lebensbasis. Dazu gehören die grundlegenden Lebensfunktionen Ernährung und Sexualität, deren Organe überwiegend im Unterleib lokalisiert sind.

Mit Blattölen können wir Einfluß auf die Organfunktionen des Oberkörpers wie Kreislauf, Atmung, Magen-, Leber- und Nierenfunktion nehmen. Auch sind sie Vermittler zwischen Kopf und Unterleib.

Blütenöle werden in dieser Dreiteilung dem Kopf und seinen Denk- und Sinnesfunktionen sowie dem gesamten Nervensystem zugeordnet.

Die individuell richtige Ölauswahl

Am besten ist es, man läßt sich bei der Ölauswahl von seiner Nase und Intuition leiten. „Schnupperstationen“ mit Riechproben gibt es in vielen Bioläden. Der erschnupperte Lieblingsduft kann in der Aromalampe oder im Badewasser ausprobiert werden. Für den Anfänger sind drei Öle mehr als genug.

Sucht man Linderung während einer Erkrankung, läuft z. B. die Nase, quält einen Hustenreiz, sind die Füße immer kalt oder schält sich die Haut vom letzten Sonnenbrand, schlägt man im Kapitel „Ätherische Öle von A–Z“ unter den entsprechenden heilkräftigen Essenzen nach. Viele Läden bieten auch fachkundige Beratung an.

Die richtige Aufbewahrung der ätherischen Öle

Ätherische Öle werden in braunen, lichtgeschützen Fläschchen angeboten, in denen die empfindlichen Essenzen am besten aufbewahrt werden. Sie dürfen weder UV-Licht noch extremen Temperaturen ausgesetzt werden. Die Temperaturspanne zwischen 0 °C und 35 °C soll auf keinen Fall über- oder unterschritten werden. Besonders empfindlich sind Zitrusöle, die am besten im Kühlschrank aufbewahrt werden.

Die Öle halten sich mehrere Jahre lang, doch läßt die volle Heilkraft nach Ablauf etwa eines Jahres nach. Die Essenzen von Rose, Rosenholz, Jasmin und Patschuli bilden aber eine wichtige Ausnahme. Ihre Qualität gewinnt mit zunehmenden Reifejahren!

Verschließen Sie die Fläschchen nach Gebrauch stets gründlich, damit keine unnötige Luftoxydation stattfindet. Öle in angebrochenen Fläschchen sind, bedingt durch Oxydationsverluste, weniger lange haltbar.

Ätherische Öle von A Z

Angelika

Botanischer Name: Angelika officinalis – Engelwurz.
Pflanzenfamilie: Doldenblütler.

Aussehen: zwei Meter hohe Pflanze, mit dickem Stamm und tiefreichender Wurzel. Bildet von Juli bis August gelbliche, grünweiße Doldenblüten.
Vorkommen: Mitteleuropa.
Geruch: erdig, würzig, pfefferähnlich.
Verwendete Pflanzenteile: getrocknete und frische Wurzel, Samen.

Gewinnung: Wasserdampfdestillation.

Heilwirkung:
Physisch: blutreinigend, kräftigend, magenstärkend, blähungswidrig, entzündungshemmend, erwärmend.
Psychisch: stabilisierend, Ich-stärkend, stärkt Standfestigkeit und Realitätsbezug.

Indikation
Physisch: bei Verdauungsschwäche, Blähungen, Schwächezuständen, Rekonvaleszenz, Infektionen, Reiseübelkeit und -furcht, Menstruationsbeschwerden, äußerlich bei Rheuma und Hautentzündungen.
Psychisch: bei Angst, Depressionen, Reiz- und Ideenüberflutung, mangelnder Konzentration, Entscheidungsschwäche.

Mischungsvorschläge: mit Zitrone, Lemongrass, Zirbelkiefer, Muskatellersalbei, Wacholder.

Anwendung: bei Reiseübelkeit als Trockeninhalation, 5 Tropfen der Essenz auf die Handflächen oder ein Taschentuch bringen und mehrmals tief einatmen.
In der Aromalampe während Grippezeiten (gemischt mit Zitrone oder Lemongrass); bei chronischem Schnupfen, bei mangelnder Durchblutung als Körper- und Massageöl oder Badezusatz.

Tip: Bei empfindlicher Haut im Sommer nicht für Körperöle verwenden! In Verbindung mit Sonneneinstrahlung und Hitze kann es zu Reizungen der Haut führen.

Angelika ist eine alte Heilpflanze, die bereits im Mittelalter häufig verwendet wurde. Während der immer wiederkehrenden Pestepidemien versuchte man sogar sich mit ihr vor Ansteckung zu schützen.

Sie gehört zu den wenigen Heilpflanzen, die den Weg vom Abendland ins Morgenland nahmen und sich nicht in umgekehrter Richtung verbreiteten.

Anis

Botanischer Name: Pimpinella anisum.
Pflanzenfamilie: Doldenblütler.

Aussehen: 30–50 cm hohe, einjährige Pflanze, mit dünner, spindelförmiger Wurzel. Die unteren Blätter sind herzförmig und rundlich und werden nach oben hin gefiedert. Der Stengel verästelt sich nach oben und endet in einer cremefarbenen Doldenblüte. Die Samen sind von grünen Fruchtkapseln umgeben.

Vorkommen: Mittel- und Südeuropa, kultiviert und verwildert.
Geruch: süßlich.
Verwendete Pflanzenteile: Samen.

Gewinnung: Wasserdampfdestillation.

Heilwirkung
Physisch: magenerwärmend, krampflösend, verdauungsstärkend, blähungstreibend, antiparasitisch, milchbildend, schleimlösend, auswurffördernd.
Psychisch: angstlösend, vertrauensstärkend, Geborgenheit vermittelnd.

Indikation
Physisch: bei Verdauungsproblemen, Blähungen, trockenem Husten, Bronchitis, nervösen Magen- und Darmkrämpfen, Impotenz und Frigidität, Menstruationsbeschwerden, Kopfweh.
Psychisch: bei Angstzuständen.

Mischungsvorschläge: mit Kümmel, Fenchel, Koriander, Neroli.

Anwendung: in der Aromalampe bei Husten und Erkältungen, als Massageöl bei Magen- und Darmkrämpfen (mit Fenchel, Kümmel und Koriander), als heiße Kompresse bei Unterleibskrämpfen.

Baldrian

Botanischer Name: Valeriana officinalis.
Pflanzenfamilie: Doldenblütler – Echter Baldrian.

Aussehen: bis 1,50 Meter hohe Pflanze mit aufrechtem, hohlen, gefurchten Stengel und gegenständigen, gefiederten Blättern und rosa bis weißen Blüten in stark verzweigten, dolden- oder schirmförmigen Blütenständen.
Vorkommen: Mitteleuropa.
Geruch: süßlich, durchdringend, urinähnlich.
Verwendete Pflanzenteile: Wurzel.

Gewinnung: Wasserdampfdestillation.

Heilwirkung
Physisch: beruhigend, entkrampfend, leicht betäubend, ausgleichend, schlafördernd.
Psychisch: antidepressiv, beruhigend.

Indikation
Physisch: bei Schlafstörungen, Überreizung, nervösen Herz-, Kreislauf- und Magenbeschwerden, überempfindlicher Haut, leichter Schilddrüsenüberfunktion.
Psychisch: bei Depressionen, Ruhelosigkeit, Wutausbrüchen.

Mischungsvorschläge: mit Kamille, Zitrone.

Anwendung: in der Aromalampe bei Nervosität, als Bad und Massageöl bei Schlafstörungen, als Körperöl bei sensibler Haut, als Kompresse bei Koliken, als Massageöl bei Herz- und Kreislaufbeschwerden.

Tip: Der Geruch zieht Katzen stark an! Etwas Baldrianessenz im Katzenklo hält die Wohnung sauber.

Basilikum

Botanischer Name: Ocimum basilicum.
Pflanzenfamilie: Lippenblütler.

Aussehen: Die 20–50 cm hoch wachsende Pflanze bildet dünne, verzweigte Wurzeln und verästelte Stengel aus. Die quirlförmig an den Stengelspitzen angeordneten Blüten blühen rötlichweiß bis violett.
Vorkommen: in der gesamten gemäßigten Klimazone.
Geruch: aromatisch-scharf, würzig, nelkenartig oder leicht zitronenartig.
Verwendete Pflanzenteile: blühendes Kraut.

Gewinnung: Wasserdampfdestillation.

Heilwirkung
Physisch: magenstärkend, krampflösend, blähungswidrig, menstruationsfördernd.
Psychisch: aufmunternd, kräftigend, antidepressiv, angstlösend.

Indikation
Physisch: bei Verdauungsschwäche, Darminfektion, Migräne, Keuchhusten, Stirnhöhlenstauung, Nierenträgheit, Menstruationsbeschwerden, Haarausfall.
Psychisch: bei Erschöpfung, Depression, Melancholie, Traurigkeit, leichten Angstzuständen, geistiger Überanstrengung.

Mischungsvorschläge: mit Rosmarin, Bohnenkraut.

Anwendung: in der Aromalampe bei chronischem Katarrh, als Körperöl oder Sitzbad bei Unterleibskrämpfen; in der Küche zum Würzen von Pizza, Tomatensalat, Wild und Lamm.

Tip: Nicht während der Schwangerschaft verwenden wegen seiner menstruationsfördernden Wirkung.

Bay

Botanischer Name: Pimenta acris, Pimenta racemosa.
Pflanzenfamilie: Myrtengewächse.

Aussehen: tropischer Baum mit immergrünen, fedrigen Blättern.
Vorkommen: Südamerika, Ostafrika.
Geruch: würzig, nelkenähnlich.
Verwendete Pflanzenteile: Blätter.

Gewinnung: Wasserdampfdestillation.

Heilwirkung
Physisch: durchblutungsfördernd, beruhigend, antiseptisch, haarwuchsfördernd.
Psychisch: beruhigend.

Indikation
Physisch: bei Erkältungen, Erkrankungen der Atemwege.
Psychisch: bei Überreizung.

Mischungsvorschlag: mit Eukalyptus.

Anwendung: in der Aromalampe bei Schnupfen und Husten, auch als Inhalation oder Badezusatz, in Körperöl für entspannende Massagen.

Tip: Geben Sie ein paar Tropfen Bay in ein neutrales Haarshampoo, oder stellen Sie sich damit eine Haarkur her. Bay verbessert die Kopfhautdurchblutung und stimuliert den Haarwuchs!

Benzoe

Botanischer Name: Styrax tonkinensis, Styrax benzoin.
Pflanzenfamilie: Styraxgewächse.

Aussehen: bis 20 Meter hoch wachsender Baum, mit elliptischen, zugespitzten, schwach gezähnten, immergrünen Blättern und traubigen Blütenständen.
Vorkommen: Siam, Thailand, Laos, Vietnam, Kambodscha, Sumatra.
Geruch: vanille- und schokoladenähnlich.
Verwendete Pflanzenteile: Harz aus der Baumrinde.

Gewinnung: Extraktion mit Alkohol oder Benzol.

Heilwirkung
Physisch: schleimlösend, entzündungshemmend, hautpflegend.
Psychisch: beruhigend, entspannend.

Indikation
Physisch: Bei prämenstruellem Syndrom, Halsent-

zündung, Bronchitis, Husten, Asthma, zur Wundheilung.
Psychisch: bei nervöser Depression, Überreiztheit.

Mischungsvorschläge: mit Vanille, Sandelholz, Iris, Rose.

Anwendung: in der Duftlampe und für Inhalationen bei Erkrankungen der Atemwege, als Badezusatz bei Nervosität, als Körperöl bei trockener, spröder Haut.

Tip: Regelmäßige Körperpflege mit Benzoe-Zusatz hält trockene, empfindliche Haut weich und elastisch. Benzoeöl nicht innerlich einnehmen, da möglicherweise noch Lösungsmittelrückstände vorhanden sein könnten!

Bergamotte

Botanischer Name: Citrus bergamia.
Pflanzenfamilie: Rautengewächse (Zitrusfruchtfamilie zugehörig).

Aussehen: Der Bergamotte-Baum wächst bis zu fünf Meter hoch. Er trägt feste, grüne Blätter. Seine weißen, sternenförmigen Blüten duften intensiv. Die goldgelben Früchte sind rund oder birnenförmig.
Vorkommen: Reggio di Calabria/Italien.
Geruch: frisch, fruchtig, blumig, warm.
Verwendete Pflanzenteile: Schale der unreifen, grünen Früchte.

Gewinnung: Kaltpressung.

Heilwirkung
Physisch: fiebersenkend, antiseptisch, entzündungshemmend, krampflösend, appetitanregend.
Psychisch: beruhigend, harmonisierend, angstlösend, erheiternd, aufmunternd, stärkt Selbstvertrauen, befreit von äußerem Druck.

Indikation
Physisch: bei Blähungen, Darm- und Unterleibsinfektionen (Blasenentzündung), Erkältungen, hohem Fieber, Akne, Ekzemen.
Psychisch: bei Niedergeschlagenheit, Angst, nervlicher Anspannung, starken emotionalen Schwankungen, Nervosität.

Mischungsvorschläge: mit Zeder, Zitrone, Orange, Neroli, Geranie, Verbena, Zirbelkiefer, Ylang Ylang.

Anwendung: als Gurgelwasser bei Halsentzündung, in der Duftlampe und als Inhalation bei Erkrankungen der Atemwege, als Sitzbad bei Blasenentzündung, Vollbad bei Nervosität, kalte Kompresse bei hohem Fieber; in der Küche zur Aromatisierung von Speisen anstelle von geriebener Zitronenschale.

Tip: Der Duft von Bergamotte-Essenz unterstützt in Zeiten der Rauchentwöhnung!

Der Bergamotte-Baum ist eine Kreuzung zwischen Bitterorange und Zitrone. Die Essenz ist sowohl für Anfänger als auch „Duft-Geübte“ ideal. Die Zugabe anderer Zitrusöle wie Zitrone, Orange oder Limette verstärkt die Wirkung von Bergamotte. Seinem ausgleichenden Duft ist die Wirkung eigen, den starken oder strengen Geruch mancher Essenzen abzumildern.

Bohnenkraut

Botanischer Name: Satureja hortensis, Satureja montana (Bergbohnenkraut).
Pflanzenfamilie: Lippenblütler.

Aussehen: 30–50 cm hohe, buschig verzweigte Pflanze, von unten teilweise verholzend. Bildet weiße, rosa und violette Blüten.
Vorkommen: Mittel- und Südeuropa.
Geruch: würzig-aromatisch, frisch.
Verwendete Pflanzenteile: Kraut und Blüten.

Gewinnung: Wasserdampfdestillation.

Heilwirkung
Physisch: wundheilend, krampflösend, schleimlösend, verdauungsanregend, antiseptisch, vitalisierend, aphrodisierend.
Psychisch: entspannend und zugleich aktivierend, geistig anregend.

Indikation
Physisch: bei Blähungen, Magen- und Darminfektionen, Durchfall, Bronchitis, Asthma, Antriebslosigkeit, Energieschwäche.
Psychisch: bei Nervenschwäche, Lustlosigkeit, geistiger Ermüdung.

Mischungsvorschläge: mit Zitrone, Bergamotte.

Anwendung: als Bad bei Erschöpfung und Antriebslosigkeit, als Kompresse bei schlecht heilenden Wunden, als Bauchkompresse bei Magen- und Darmkrämpfen, in der Duftlampe bei Bronchitis und Asthma.

Tip: Bohnenkraut ist hilfreich bei der Behandlung von anschwellenden Insektenstichen. Geben Sie 2 Tropfen auf 1 TL Öl und reiben Sie die betroffene Stelle ein.

Cajeput

Botanischer Name: Melaleuca leucadendron.
Pflanzenfamilie: Myrtengewächse.

Aussehen: immergrüner Strauch mit heidekrautähnlichen Blättern.
Vorkommen: Molukken, Indonesien, Australien, Malaysia, Indien.
Geruch: eukalyptusähnlich.
Verwendete Pflanzenteile: Blätter und kleine Zweigspitzen.

Gewinnung: Wasserdampfdestillation.

Heilwirkung
Physisch: entzündungshemmend, krampflösend, schleimlösend.
Psychisch: klärend, strukturierend.

Indikation
Physisch: bei Infektionen der Atemwege, Kehlkopfentzündungen, Asthma, Durchfall, nervösem Er-

brechen, Harnwegsinfektionen, Menstruationsbeschwerden, Darmparasiten, Rheuma, Neuralgien, Psoriasis, Akne.
Psychisch: bei Verwirrung und Entscheidungslosigkeit, in Umbruchzeiten.

Mischungsvorschläge: mit Nelke, Eukalyptus, Minze.

Anwendung: in Cremes und Salben bei neuralgischen Schmerzen und Rheuma, als Inhalation bei Kehlkopfentzündung und Erkältungen, als Badezusatz und Körperöl bei Akne und Psoriasis, bei Zahnschmerz direkt auf den Zahn, bei Ohrenschmerzen mit etwas Johanniskrautöl vermischt auf ein Wattebäuschchen.

Tip: Cajeput stets vorsichtig dosieren, da es leicht reizend wirkt.

Cistrose

Botanischer Name: Cistus labdaniferus.
Pflanzenfamilie: Christrosengewächse.

Aussehen: bis zu 2,5 Meter hoch wachsender Macchiastrauch mit dunkelgrünen Blättern. Die weißen und rosa Blüten sind sehr zart, verwelken schnell und ähneln der Wildrose.
Vorkommen: Mittelmeerraum.
Geruch: warm-würzig, balsamisch, ambraähnlich mit herbem Hintergrund.
Verwendete Pflanzenteile: Zweige und Blätter, Harz.

Gewinnung: Wasserdampfdestillation aus Zweigen und Blättern, Alkohol- oder Benzolextraktion aus dem Harz.

Heilwirkung
Physisch: antiseptisch, krampflösend, adstringierend, entstauend, erwärmend.
Psychisch: erwärmend, lösend, öffnend, erotisierend.

Indikation
Physisch: bei schlecht heilenden Wunden, Menstruationsbeschwerden, Lymphdrüsenschwellung, Blasenentzündung, Ekzemen, Akne, Psoriasis.
Psychisch: bei Frigidität, Gefühlskälte.

Mischungsvorschläge: mit Jasmin, Zitrone, Neroli, Zeder.

Anwendung: als Salbe oder Kompresse bei schlecht heilenden Wunden, als Massageöl bei Lymphdrüsenstau, als Gesichtskompresse bei Akne, als Sitzbad bei Menstruationskrämpfen.

Tip: Nicht während der Schwangerschaft verwenden!

Cistrose wird gerne als warmer, blumiger Unterton für Parfums verwendet.

Dill

Botanischer Name: Anethum graveolens.
Pflanzenfamilie: Doldenblütler.

Aussehen: ähnlich der Fenchelpflanze bildet die 50–120 cm hohe Dillpflanze mehrfach gefiederte Blattspitzen. Die Blütendolden sind nach oben gewölbt, die Wurzel ist dünn und spindelförmig.
Vorkommen: Mitteleuropa, wild in den Oststaaten Amerikas, Paraguay, Westindien.
Geruch: leicht süßlich, aromatisch-würzig.
Verwendete Pflanzenteile: Samen und Kraut.

Gewinnung: Wasserdampfdestillation.

Heilwirkung
Physisch: antiseptisch, krampflösend, blähungstreibend, verdauungsfördernd, harntreibend, menstruationsfördernd, milchbildend, erwärmend, wurmwidrig, schleimlösend.
Psychisch: den seelischen Energiefluß sanft anregend, Blockaden lösend, beruhigend.

Indikation
Physisch: bei Bronchitis, Blähungen, Darmkrämpfen, Kolik, Magenverstimmung.
Psychisch: bei Hyperaktivität, besonders bei Kindern, bei seelischen Blockaden.

Mischungsvorschläge: mit Römischer Kamille, Zitrone.

Anwendung: als Massageöl für Babys und Kinder, die zu Blähungen neigen, in der Duftlampe im Kinderzimmer für „Zappelphilippe", zur Inhalation bei Bronchitis.

Tip: Aromatisieren Sie im Winter, wenn es keine frischen Kräuter gibt, Salatdressings oder Mayonnaise mit einem Tropfen Dillessenz; paßt auch gut zu Fischgerichten!

Dill ist ein sehr mild wirkendes Anregungsmittel, so zart wie sein Erscheinungsbild sich uns darstellt. Seine sanfte Wirkung macht ihn besonders für Kinder und empfindliche Menschen geeignet. Im Gegensatz zu sinnlichen, erotisch-warmen Essenzen wie Sandelholz oder Ylang Ylang ist Dill in seiner wärmenden Eigenschaft zart und kindlich.

Hildegard von Bingen empfiehlt ihn sogar zur „Unterdrückung sinnlicher Triebe".

Eichenmoos

Botanischer Name: Evernia prunastri, Evernia furfuracea.
Pflanzenfamilie: Baummoose.

Aussehen: auf Baumrinden in hängenden Büscheln, langsam wachsende Flechte; Oberseite von grüngrauer Farbe. Das Gewächs ist eine Symbiose aus Pilz und Alge.
Vorkommen: Europa.
Geruch: moosig, erdig, voll.
Verwendete Pflanzenteile: Moos.

Gewinnung: chemische Extraktion mit Petroläther, Benzol, Alkohol.

Heilwirkung
Psychisch: entspannend, ausgleichend.

Indikation
Psychisch: bei Nervosität, Gefühl von Ungeborgenheit.

Mischungsvorschläge: mit Benzoe, Vetiver, Zeder.

Anwendung: in der Aromalampe bei Nervosität, „Flattrigkeit".

Tip: Nicht einnehmen wegen der Gefahr von Lösungsmittelrückständen durch die chemische Extraktion.

Eichenmoos wird gerne von Parfumherstellern als Fixativ verwendet. Es gibt den Duftmischungen einen leicht erotischen Unterton. Die französische Bezeichnung für Eichenmoos lautet „Mousse de chène".

Eisenkraut

Botanischer Name: Lippia citriodora (Verbena triphylla, Aloisia triphylla).
Pflanzenfamilie: Eisenkrautgewächse.

Aussehen: bis zu zwei Meter hoch wachsender Strauch mit zarten Zweigen und hellgrünem Blattwerk. Bildet kleine, weiße Blüten mit einem gelben Tupfen in der Mitte.
Vorkommen: Tropen, Subtropen, Südfrankreich, Algerien, Marokko, Tunesien, Italien.
Geruch: zitronenähnlich, frisch.
Verwendete Pflanzenteile: Blätter.

Gewinnung: Wasserdampfdestillation.

Heilwirkung
Physisch: antiseptisch, tonisierend, verdauungsanregend, milchbildend, herzstärkend- und beruhigend, anregend auf Uteruskontraktionen.
Psychisch: anregend, belegend, inspirierend.

Indikation
Physisch: bei Magenkrämpfen, Verdauungsstörungen, Verstopfung, Schwindel, Herzrhythmusstörungen, zur Geburtshilfe.
Psychisch: bei Müdigkeit, Antriebslosigkeit, Tagträumerei.

Mischungsvorschläge: mit Orange, Jasmin, Myrte, Zeder, Neroli.

Anwendung: in der Aromalampe im Arbeitszimmer, als Massageöl für Sportler, als Körperöl oder Fußbad an schwülen Sommertagen, als trockene Inhalation bei Schwindel, als Bauchkompresse zur Geburtshilfe.

Tip: Eisenkraut soll nicht in der Schwangerschaft angewendet werden, da es die Kontraktionen der Gebärmutter fördert. Auch nicht direkt auf die Haut auftragen, da es zu Reizungen kommen kann, besonders bei gleichzeitiger Sonnenbestrahlung.

Reine Eisenkrautessenzen gibt es leider nur begrenzt. Deshalb weicht der Handel auf Mischungen mit dem geruchsähnlichen und billigen Lemongrass aus und bietet die Essenz als „indianisches Eisenkraut“ an.

Bei uns ist Eisenkraut vereinzelt auf Wiesen, Weiden und an Wegrändern anzutreffen; es gedeiht auch in jedem Gartenboden. In der Küche kann es als Stengel samt Blättern zum Einlegen von Gurken und Essiggemüse verwendet werden.

Estragon

Botanischer Name: Artemisia dracunculus.
Pflanzenfamile: Korbblütler.

Aussehen: buschig-verzweigte Pflanze; die krautigen Triebe wachsen 60–150 cm hoch und sind mit schmalen, lanzettartigen Blättern besetzt. Die rispenartigen Blütenstände sind unscheinbar, von gelb-grüner Farbe, gegen Ende der Blütezeit rötlich.
Vorkommen: Mitteleuropa.
Geruch: frisch-würzig, kräftig.
Verwendete Pflanzenteile: Blätter und Blüten.

Gewinnung: Wasserdampfdestillation.

Heilwirkung
Physisch: verdauungsfördernd, appetitanregend, krampflösend, antiseptisch, stimulierend, wurmwidrig, herzstärkend, erwärmend.
Psychisch: belebend, Widerstands- und Entscheidungskraft stärkend.

Indikation
Physisch: bei Magenbeschwerden, Schluckauf, Blähungen, Darmparasiten, Rheuma, Dystonie, Infektionskrankheiten, unregelmäßiger Menstruation.

Psychisch: bei Antriebslosigkeit, Entscheidungslosigkeit, Kraftlosigkeit.

Mischungsvorschläge: mit Bergamotte, Lavendel, Zitrone.

Anwendung: als Körperöl bei Rheuma, als Bauchkompresse bei Blähungen, in der Aromalampe oder als Bad bei Schwächezuständen.

Eukalyptus

Botanischer Name: Eukalyptus globulus, Eukalyptus citriodora.
Pflanzenfamilie: Myrtengewächse.

Aussehen: hoher, immergrüner, raschwüchsiger Baum mit glattem Stamm.
Vorkommen: Australien, Mitteleuropa.
Geruch: medizinisch, zitronig, kampferähnlich.
Verwendete Pflanzenteile: Blätter, ältere Äste.

Gewinnung: Wasserdampfdestillation.

Heilwirkung
Physisch: kühlend, blutzuckersenkend, fiebersenkend, stark antiseptisch, atmungsaktivierend, schleimlösend.
Psychisch: klärend, belebend, anregend, erfrischend, konzentrationsfördernd, beruhigend.

Indikation
Physisch: bei Atem- und Harnwegsinfektionen, Erkältung, Grippe, Diabetes, Rheuma, Schwächezu-

ständen, Asthma, Blasen- und Nierenentzündung, Akne.
Psychisch: bei Antriebslosigkeit.

Mischungsvorschläge: mit Verbena, Melisse, Lemongrass, Zitrone, Lavendel.

Anwendung: in der Aromalampe oder als Inhalation bei Erkältungskrankheiten (mit Thymian und Kiefer) und Asthma, bei Infektionsgefahr, als Badezusatz bei Grippe, als Kompresse auf schlecht heilende Wunden, als Wadenwickel bei Fieber, als Gesichtswasser bei Akne, als Massageöl bei Rheuma, in der Aromalampe zur Abwehr von Insekten.

Tip: Eukalyptusessenz ist ein gutes ätherisches Öl für Anfänger.

Fenchel

Botanischer Name: Foeniculum vulgare.
Pflanzenfamilie: Doldenblütler.

Aussehen: bis zu 2 Meter hoch wachsende Pflanze, deren Stengel fein gerillt und markig sind und am Boden teilweise verholzt. Die Blätter sind gefiedert. Die kleinen gelben Blüten sitzen auf großen Dolden.
Vorkommen: Mitteleuropa.
Geruch: warm und süß.
Verwendete Pflanzenteile: Samen.

Gewinnung: Wasserdampfdestillation.

Heilwirkung
Physisch: schleimlösend, appetitanregend, harntreibend, krampflösend, verdauungsfördernd, magenstärkend, blähungstreibend.
Psychisch: beruhigend bei Streß, Nervosität, vermittelt Wärme und Geborgenheit.

Indikation
Physisch: bei Magenverstimmung, Blähungen, Schluckauf, Erkältung, Menstruationsbeschwerden, bei Halsentzündung, fettiger und unreiner Haut, Abszessen.
Psychisch: bei neurovegetativer Anspannung, Streß, Nervosität, Unruhe, bei Gefühlen von Einsamkeit und Erstarrung.

Mischungsvorschläge: mit Zitrone, Rose.

Anwendung: als Massageöl oder Bauchkompresse bei Blähungen und Magenkrämpfen, in der Aromalampe bei Husten und bei Nervosität, als Sitzbad bei prämenstruellem Syndrom.

Tip: Fenchelessenz kann im Körper Gifte neutralisieren.

Galbanum

Botanischer Name: Ferula galbanifera.
Pflanzenfamilie: Doldenblütler.

Aussehen: siehe Fenchel, Galbanum ist eine Fenchelart.
Vorkommen: Türkei, Syrien, Iran, Irak.

Geruch: balsamisch, waldig, würzig.
Verwendete Pflanzenteile: Wurzel (-harz).

Gewinnung: Extraktion mit Lösungsmitteln (Resinoidherstellung).

Heilwirkung
Physisch: wundheilend, menstruationsfördernd.
Psychisch: beruhigend, lösend.

Indikation
Physisch: bei Wunden, Abszessen, Drüsenschwellung, Rheuma, Akne, prämenstruellem Syndrom.
Psychisch: bei Ärger, Reizbarkeit, Anspannung.

Mischungsvorschläge: mit Bergamotte, Geranie, Minze.

Anwendung: in der Aromalampe bei Nervosität, als Bauchkompresse bei prämenstruellem Syndrom, als Massageöl bei Rheuma, im Gesichtswasser bei Akne.

Tip: Galbanum nicht innerlich anwenden wegen möglicher Lösungsmittelrückstände.

Geranium

Botanischer Name: Pelargonium odorantissimum – Duftgeranie.
Pflanzenfamilie: Storchenschnabelgewächse.

Aussehen: üppig blühende Pflanze mit flaumig behaarten Blattstielen und nierenförmigen Blättern.

Vorkommen: Afrika, bei uns als Balkonpflanze.
Geruch: blumig, rosenhaft.
Verwendete Pflanzenteile: Kraut.

Gewinnung: Wasserdampfdestillation.

Heilwirkung
Physisch: adstringierend, wundheilend, schmerzstillend, blutstillend, antiseptisch, hormonell ausgleichend, sinnlich.
Psychisch: entspannend, beruhigend, aufheiternd, aufhellend, ausgleichend.

Indikation
Physisch: bei Schwächezuständen, Magen- und Darmentzündung, Darmparasiten, Mundschleimhautentzündung, Angina, Wunden, Verbrennungen, Akne, trockenen Ekzemen, Flechten, Gesichtsneuralgie.
Psychisch: bei Angst, nervöser Verspannung, Depression, emotionaler Unruhe und Belastung.

Mischungsvorschläge: mit Lavendel, Mimose, Muskatellersalbei, Rosenholz, Zeder.

Anwendung: als Umschlag auf Wunden und Verbrennungen, als Körperöl bei Hauterkrankungen, zum Gurgeln bei Mundschleimhautentzündung, in der Aromalampe bei Angst und Depression.

Honig

Geruch: süß, mild, warm, balsamisch.
Gewinnung: Extraktion aus Bienenwachs.

Heilwirkung
Physisch: harmonisierend, hautpflegend, entzündungshemmend, beruhigend, erwärmend.
Psychisch: schmerzlindernd, besänftigend, Wärme und Geborgenheit vermittelnd.

Indikation
Physisch: bei schlecht heilenden Wunden, entzündeter Haut, Schüttelfrost, Erkältung.
Psychisch: bei Erregung, seelischem Schmerz, Gefühlskälte, Zorn, Gefühlen der Ungeborgenheit.

Mischungsvorschläge: mit Vanille, Mandarine, Neroli, Rose.

Anwendung: in der Aromalampe zur Beruhigung und Entspannung, als Bad oder Körperöl bei Unterkühlung, als Auflage bei schlecht heilenden Wunden und entzündeter Haut, als Gesichtscreme zur Hautpflege.

Tip: Honigessenz ist bei Kindern sehr beliebt!

Immortelle

Botanischer Name: Helichrysum angustifolium, Helichrysum gymnocephalum.
Pflanzenfamilie: Korbblütler.

Aussehen: bis 50 cm hoch wachsende, immergrüne Staude. Die gelben Blüten verströmen beim Zerreiben einen curryartigen Duft.
Vorkommen: Mittelmeergebiet.
Geruch: würzig, holzig, kräuterartig.

Verwendete Pflanzenteile: blühendes Kraut.

Gewinnung: Wasserdampfdestillation.

Heilwirkung
Physisch: krampflösend, entschlackend, lymphflußanregend, drüsenanregend, erwärmend.
Psychisch: beruhigend, lösend, die Traumtätigkeit intensivierend.

Indikation
Physisch: bei Magen-, Darm- und Gallenentzündung. Leberschwäche, chronischen und allergischen Hauterkrankungen, Diabetes, Menstruationsbeschwerden, Erkältungskrankheiten.
Psychisch: in psychischen Schwellensituationen, Wandlungs- und Reifungskrisen, bei Gefühlskälte und Erstarrung.

Mischungsvorschläge: mit Zitrone, Orange, Verbena, Grapefruit, Neroli, Bergamotte.

Anwendung: warme Kompressen bei Leber- und Gallenentzündung, als Erkältungsbad, als Körperöl bei Ekzemen und Ausschlägen, als Massageöl bei flacher Atmung und verspanntem Becken.

Ingwer

Botanischer Name: Zingiber officinale.
Pflanzenfamilie: Ingwergewächse.

Aussehen: bis 1,5 Meter hohe Staude mit schilfartigen, länglichen Blättern. Der Wurzelstock ist flei-

schig-dick und verzweigt sich waagerecht. Die Blüten bilden keine Früchte.
Vorkommen: tropisches Asien, besonders Jamaika, Indien, Ceylon.
Geruch: kräftig-würzig, dabei ohne Schärfe.
Verwendete Pflanzenteile: Wurzel.

Gewinnung: Wasserdampfdestillation.

Heilwirkung
Physisch: entkrampfend, appetitanregend, magenstärkend, fiebersenkend, durchwärmend, stärkend, feuchtigkeitsregulierend.
Psychisch: lösend, befreiend, willensstärkend.

Indikation
Physisch: bei Ansteckungsgefahr, Verdauungsbeschwerden, Frieren, mangelnder Durchblutung, Impotenz, Rheuma, Muskelverspannung, Erkältung, Grippe, Kopfschmerz.
Psychisch: bei seelischer Erstarrung, Gefühlsverhärtung, Willens- und Entscheidungsschwäche.

Mischungsvorschläge: mit Honig, Mandarine.

Anwendung: in der Duftlampe bei Ansteckungsgefahr, als Bad bei Unterkühlung, als Massageöl bei Muskelverspannung und Rheuma, als Körperöl und Bad bei Impotenz.

Tip: In der Küche würzt Ingweressenz Marmeladen, Desserts, Gebäck, Getränke und asiatische Gerichte.

Jasmin

Botanischer Name: Jasminum officinale, Jasminum grandiflorum, Jasminum sambac.
Pflanzenfamilie: Oleandergewächse.

Aussehen: immergrüne, zarte Kletterpflanze mit weißen oder gelben, intensiv duftenden Blüten und glänzendgrünen Blättern.
Vorkommen: Indien und Frankreich.
Geruch: intensiv, süß, blumig.
Verwendete Pflanzenteile: Blüten.

Gewinnung: Extraktion mit Lösungsmitteln.

Heilwirkung
Physisch: krampflösend, schleimlösend, aphrodisierend, menstruationsfördernd, milchbildend.
Psychisch: auflösend, besänftigend, euphorisierend, intuitionsfördernd.

Indikation
Physisch: bei Erkrankungen der Gebärmutter, Schlaflosigkeit, Impotenz, Heiserkeit, Schwangerschaft, Geburt, Muskelverspannung, Ekzemen, Dermatitis.
Psychisch: bei seelischer Verkrampfung, Gefühlskälte, Angst, sexuellen Problemen, Beziehungsproblemen.

Mischungsvorschläge: mit Rose, Sandelholz, Zeder.

Anwendung: als Massageöl bei Muskelschmerzen, als Kompresse bei Gebärmuttererkrankungen, als Inhalation bei Heiserkeit, als Massageöl- und Bad bei Impotenz, in der Duftlampe bei seelischen Verspannungen.

Tip: Jasminessenz nicht innerlich anwenden! Es wird mit chemischen Lösungsmitteln extrahiert.

Kamille

Botanischer Name: Matricaria chamomilla (Deutsche oder Echte Kamille), Anthemis nobilis (Römische Kamille).
Pflanzenfamilie: Korbblütler.

Aussehen: bis 50 cm hoch wachsende Pflanze mit stark verzweigtem Stengel und gefiederten Blättern. Die goldgelben Blüten sind von einem weißen Zungenblütenkranz umgeben. Die Römische Kamille wächst etwas niedriger und bildet zudem größere Blüten und buschigere Blätter.
Vorkommen: Mitteleuropa.
Geruch: Deutsche Kamille: scharf und süß; Römische Kamille: frisch und süß.
Verwendete Pflanzenteile: Blüten (und Blätter bei Römischer Kamille).

Gewinnung: Wasserdampfdestillation.

Heilwirkung
Physisch: entzündungshemmend, schmerzstillend, beruhigend, entkrampfend, wundheilend, fiebersenkend, verdauungsfördernd, schweißtreibend.
Psychisch: beruhigend, besänftigend, harmonisierend.

Indikation
Physisch: bei Magen- und Darmentzündung, Gallenkolik, Blähungen, Husten, Heiserkeit, Menstruationsbeschwerden, Fieber, Sonnenbrand, Ekzem, Allergie.
Psychisch: bei Reizbarkeit, Ärger, Unzufriedenheit, Schlafstörungen, Angstträumen von Kindern.

Mischungsvorschläge: mit Geranie, Rose, Lavendel, Zeder, Orange.

Anwendung: als Bad bei entzündeter Haut, Umschlag bei schlecht heilenden Wunden, Inhalation bei Heiserkeit und Schnupfen, in der Duftlampe bei Reizbarkeit und Überempfindlichkeit, als kalter Wadenwickel bei Fieber, Kompresse bei Sonnenbrand, Massageöl bei Angst und Angespanntheit.

Tip: Kamillenessenz ist ein ideales Heilmittel für Kinder!

Ätherisches Kamillenöl wird gerne in der Naturkosmetik verwendet. Mit einer neutralen Fettbasis kann man sich selbst pflegende Cremes, Lotionen und Öle herstellen, die besonders für trockene, empfindliche, leicht gerötete und gereizte Haut geeignet sind. Der heilende Hauptwirkstoff der Kamille ist das Azulen, ein tiefblauer Stoff, der entzündungs- und fieberhemmend ist.

Kampfer

Botanischer Name: Camphora officinarum, Cinnamomum camphora.

Pflanzenfamilie: Lorbeergewächse.

Aussehen: Baum mit starkem, häufig knorrigem Stamm und weit ausladender Krone. Die langgestielten Blätter sind lederartig, hellgrün gefärbt, auf der Unterseite matt blaugrün. Die achselständigen Blüten sind klein und unscheinbar, gelblich oder grünlichweiß gefärbt.
Vorkommen: südliches China, Taiwan, Südjapan.
Geruch: medizinisch, intensiv, an Eukalyptus erinnernd.
Verwendete Pflanzenteile: Holz, Blätter.

Gewinnung: Wasserdampfdestillation.

Heilwirkung
Physisch: antiseptisch, schmerzlindernd, durchblutungsfördernd, kreislaufanregend, kräftigend.
Psychisch: antidepressiv, innere Klarheit und Konzentration fördernd.

Indikation
Physisch: bei Erkältungskrankheiten, Rheuma, Herzversagen, Schock.
Psychisch: bei Hysterie, Depression, Entscheidungsschwäche.

Mischungsvorschläge: mit Bergamotte, Eukalyptus.

Anwendung: als Massageöl bei Rheuma, als Inhalation, in der Duftlampe und als Bad bei Erkältungen, als Trockeninhalation bei Schock (Kampfer war früher im Riechfläschchen), in der Aromalampe, als Körperöl oder Bad bei Depression.

Tip: Kampfer aufgrund seiner Intensität immer vorsichtig dosieren! Bei Anlage zu Epilepsie und bei Kleinkindern ganz auf die Anwendung verzichten!

Kardamom

Botanischer Name: Elettaria cardamomum.
Pflanzenfamilie: Ingwergewächse.

Aussehen: tropisches Gewächs mit daumenstarkem, kriechenden Wurzelstock, aus dem zwei bis drei Meter hohe, unverzweigte Blattriebe hervorwachsen. Die Früchte sind 1–1,5 cm lang, eiförmig und an einem Ende spitz zulaufend.
Vorkommen: Ceylon, Malabar, Java, Indien.
Geruch: stark, aromatisch, leicht kampferartig.
Verwendete Pflanzenteile: Samen.

Gewinnung: Wasserdampfdestillation.

Heilwirkung
Physisch: antiseptisch, durchblutungsfördernd, erwärmend, krampflösend, aphrodisierend.
Psychisch: stärkend, aktivierend, stimulierend, Selbstheilungskräfte fördernd.

Indikation
Physisch: bei Verdauungsschwäche, Appetitlosigkeit, Magen- und Darminfektion, Kältegefühl, sexueller Schwäche.
Psychisch: bei Mutlosigkeit, Gefühlskälte, Minderwertigkeitsgefühlen, sexueller Blockierung.

Mischungsvorschläge: mit Zimt, Ingwer.

Anwendung: als Bad bei Unterkühlung und gestörter Durchblutung, in der Aromalampe bei Mutlosigkeit und Antriebsschwäche, als Kompresse bei Magen- und Darmkrämpfen, als Sitzbad bei Sexualschwäche, in der Duftlampe bei Infektionsgefahr.

Tip: Kardamomessenz läßt sich in der Küche als feines Gewürz, allein oder in Mischungen, verwenden.

Karottensamen

Botanischer Name: Daucus carota.
Pflanzenfamilie: Doldenblütler.

Aussehen: Gemüsepflanze mit orangefarbener, kegelförmiger Wurzel und zartem, buschigen Blattwerk.
Vorkommen: Europa.
Geruch: erdig, warm, fettartig.
Verwendete Pflanzenteile: Samen.

Gewinnung: Wasserdampfdestillation.

Heilwirkung
Physisch: hautpflegend, -nährend, -heilend, -verjüngend, blutbildend, milchbildend, lymphflußanregend.

Indikation
Physisch: bei Furunkeln, Geschwüren, Abszessen, bei allen Hauterkrankungen, Hepatitis, Cholitis, Enterocholitis, Lymphstauung.

Mischungsvorschläge: mit Rosenholz, Lavendel, Kamille, Sandelholz, Neroli.

Anwendung: als Öl zur Gesichts- und Körperpflege, als Sonnenöl zur schnelleren Bräunung, als Körperöl bei empfindlicher und alternder Haut, als Gesichtsmaske und -creme.

Tip: Mit Karottensamenessenz läßt sich eine besonders pflegende, wirksame Augenfältchencreme herstellen.

Kiefernnadel

Botanischer Name: Oleum pini sylvestris.
Pflanzenfamilie: Kieferngewächse.

Aussehen: hochstämmiger Nadelbaum mit rotbraun geschuppter Rinde und blaugrünen Nadeln, der eine mächtige schirmartige Krone entwickelt. Die weiblichen Blüten sind anfangs dunkelrot und verfärben sich im Laufe der zweijährigen Samenreife grün. Es gibt viele verschiedene Kiefernarten, wie Waldkiefer, Bergkiefer, Latschenkiefer, Zirbelkiefer u.a.m.
Vorkommen: Mitteleuropa.
Geruch: hell, frisch, harzig, herb, leicht teeartig.
Verwendete Pflanzenteile: Nadeln.

Gewinnung: Wasserdampfdestillation.

Heilwirkung
Physisch: zusammenziehend, antiseptisch, durchblutungsfördernd, schleimlösend, atmungsaktivie-

rend, hustenlindernd, atemwegsstärkend.
Psychisch: entspannend, beruhigend, aufhellend, leichtmachend.

Indikation
Physisch: bei trockenem Husten, Asthma, Bronchialkatarrh, Lungenschwäche, Rheuma, Harnwegsinfektion, Brandwunden, Insektenstichen.
Psychisch: bei Rastlosigkeit, Überreiztheit, Unruhe.

Mischungsvorschläge: mit Zitrone, Lemongrass, Eukalyptus.

Anwendung: in der Aromalampe und als Inhalation bei Atemwegserkrankungen, als Kompresse bei Hauterkrankungen, als Bad bei Rheuma, in der Aromalampe bei Ruhelosigkeit, als Massageöl bei mangelnder Hautdurchblutung sowie trockener und empfindlicher Haut, als Heilöl bei Quetschungen und Verstauchungen.

Tip: Bei starkem Rauchen unterstützen Einreibungen mit Kiefernnadelessenz (gelöst in fettem Öl) die Entgiftung über die Haut!

Koriander

Botanischer Name: Coriandrum sativum.
Pflanzenfamilie: Doldenblütler.

Aussehen: bis 70 cm hohes Kraut mit rundem, oben verästeltem Stengel. Die unteren Blätter sind dreilappig, die oberen mehrfach gefiedert.
Vorkommen: Ceylon.

Geruch: warm, würzig (die unausgereiften Samen haben einen unangenehmen Geruch).
Verwendete Pflanzenteile: Samen.

Gewinnung: Wasserdampfdestillation.

Heilwirkung
Physisch: anregend, magenstärkend, erotisierend (enthält östrogenartige Stoffe), krampflösend, verdauungsfördernd.
Psychisch: aufheiternd, aufhellend, erwärmend, entspannend.

Indikation
Physisch: bei Appetitlosigkeit, Magenschwäche, Luftschlucken, Verdauungsbeschwerden, Blähungen, Erschöpfung, Müdigkeit, Rheuma, Menstruationsbeschwerden.
Psychisch: bei Depression, Antriebsschwäche, seelischer Erstarrung, Angst, Schock, Reizbarkeit.

Mischungsvorschläge: mit Rose, Sandelholz, Moschuskörnern, Neroli, Geranie.

Anwendung: als Bad und Massageöl bei Rheuma, als Bauchkompresse bei Menstruationsbeschwerden, in der Aromalampe und als Bad bei Erschöpfung.

Tip: Koriander immer vorsichtig dosieren. Die Essenz wirkt leicht reizend. In der Schwangerschaft meiden!

Kreuzkümmel (Römischer Kümmel, Cumin)

Botanischer Name: Cuminum cyminum.
Pflanzenfamilie: Doldenblütler.

Aussehen: dem Echten Kümmel ähnliche Pflanze mit gefiederten Blättern und kleinen Blüten in Dolden.
Vorkommen: Mittelmeergebiet, Nord- und Südamerika.
Geruch: warm, würzig, anisartig.
Verwendete Pflanzenteile: Samen.

Gewinnung: Wasserdampfdestillation.

Heilwirkung
Physisch: appetitanregend, magenstärkend, verdauungsfördernd, menstruationsfördernd, entkrampfend, erotisierend.
Psychisch: Ich-stärkend, aufbauend.

Indikation
Physisch: bei Appetitlosigkeit, Magenkrämpfen, Blähungen, Koliken, Darmparasiten, Menstruationsbeschwerden.
Psychisch: bei unbewältigten Gefühlen als Verarbeitungshilfe.

Mischungsvorschläge: mit Rose, Sandelholz, Ylang Ylang, Zimt, Patschuli.

Anwendung: als Kompresse bei Bauchschmerzen, Koliken oder Menstruationsbeschwerden, als Bad und Massageöl zur Entspannung, in der Aromalampe zur psychischen Stärkung.

Tip: Kümmelessenz paßt in der Küche besonders gut zu Kartoffel- und Kohlgerichten.

Lavendel

Botanischer Name: Lavandula officinalis (Lavandula vera), Lavandula angustifolia.
Pflanzenfamilie: Lippenblütler.

Aussehen: bis zu einem halben Meter hoch wachsender, immergrüner Halbstrauch mit aufrechten Stengeln und blaugrünen, lanzettlichen Blättern. Die Blüten sind leuchtendblau.
Vorkommen: Frankreich, Italien, Dalmatien, Spanien, Marokko, England, Griechenland.
Geruch: herb-süß, mild, kühl.
Verwendete Pflanzenteile: Blüten und Stengel.

Gewinnung: Wasserdampfdestillation.

Heilwirkung
Physisch: antiseptisch, wundheilend, schmerzstillend, krampflösend, harntreibend, verdauungsanregend, herzstärkend, durchblutungsfördernd, blutdrucksenkend, hautpflegend und -beruhigend.
Psychisch: entspannend, erfrischend, aufbauend, harmonisierend.

Indikation
Physisch: bei Wunden, Brandverletzungen, Insektenstichen, Hautallergien, Nervenentzündung, Rheu-

ma, Kopfschmerz, Ohrenschmerz, Fußpilz, Erkältungskrankheiten, Reisekrankheiten, Bluthochdruck, nervösen Herzbeschwerden, Erschöpfung, Nervenschwäche, Magen- und Darmbeschwerden, Krämpfen, Blasenentzündung, Akne, trockener Haut, Altershaut.
Psychisch: bei extremen Stimmungslagen und Gefühlsschwankungen, Schlafstörungen, Streß, Depression, Angst, Überreizung.

Mischungsvorschläge: mit Geranie, Zitrone, Neroli, Rose, Kiefer, Bergamotte, Melisse, Pampelmuse, Thymian, Minze.

Anwendung: als Kompresse und Öleinreibung bei Hautwunden, als Massageöl (Nacken) bei Kopfschmerz, pur zum Bestreichen bei Reisekrankheit, in der Duftlampe bei Nervosität und Erkältungskrankheiten, als Sitzbad bei Blasenentzündung, als Körperöl bei trockener Haut.

Tip: Lavendelessenz verleiht der Wäsche einen wunderbar frischen, reinen Duft. Geben Sie einige Tropfen Essenz in den Spülgang der Waschmaschine oder hängen Sie ein mit Lavendelessenz getränktes Duftsäckchen in den Wäscheschrank. Lavendel im Putzwasser hält Schadinsekten fern.

Man unterscheidet verschiedene Lavendelarten. Der Große oder Echte Speick-Lavendel (Lavandula latifolia) ist ein großer, ausdauernder Halbstrauch, der bis zu 60 cm hoch wächst. Vom kleinen, wilden Lavendel wachsen zwei Arten, Lavandula angustifolia und Lavandula officinalis, die niedrigste Form. Der kleinste Lavendel ist zugleich der heilkräftigste, er wächst in einer Höhe bis zu 1500 Metern. Seine kostbare Essenz wird auch als Lavendel extra bezeichnet. Eine Kreuzung zwischen Speick-Lavendel und Wildem Lavendel ist der Lavandin, der besonders große Mengen an ätherischem Öl liefert.

Lemongrass (Zitronengras)

Botanischer Name: Cymbopogon flexuosus, Cymbopogon citratus.
Pflanzenfamilie: Süßgräser.

Aussehen: bis zu 50 cm hohes Gras, das in großen, breitblättrigen Büscheln wächst.
Vorkommen: China, Indien.
Geruch: citrusartig, herb, brennend, frisch.
Verwendete Pflanzenteile: Blätter.

Gewinnung: Wasserdampfdestillation.

Heilwirkung
Physisch: durchblutungsfördernd, blutreinigend, nervenberuhigend, antiseptisch, verdauungsfördernd, harntreibend, gewebsverjüngend, hautstraffend, gefäßstärkend.
Psychisch: erfrischend, aktivierend.

Indikation
Physisch: bei Verdauungsschwäche, Blähungen, Darminfektionen, Bindegewebsschwäche, Blasen- und Nierenerkrankungen, schlechter Hautdurchblutung, Blutergüssen, schwachem Bindegewebe, Krampfadern, Ödemen, Lymphstau, Haut- und Nagelpilz, Warzen, Schwangerschaftsstreifen.

Psychisch: bei Müdigkeit, Konzentrationsschwäche, Nervosität, Trägheit.

Mischungsvorschläge: mit Eukalyptus, Lavendel, Geranie, Kiefer.

Anwendung: in der Duftlampe im Arbeitszimmer, als Trockeninhalation bei langen Autofahrten, als Massageöl bei Bindegewebsschwäche und Sportverletzungen, in der Duftlampe bei erhöhter Infektionsgefahr, als Bad bei schlechter Durchblutung, als Duschzusatz für Morgenmuffel, als Heilöl bei Warzen, Haut- und Nagelpilz, als Gesichtsöl bei fettiger, großporiger Haut.

Tip: Der intensive Duft von Lemongrassessenz hilft die Raumluft in „Raucherzimmern" zu reinigen. Auch vertreibt er Insekten, und Hundeflöhe suchen das Weite, wenn Sie Ihren Hund in einem Lemongrassbad waschen!

Seine antiseptische Eigenschaft verdankt Lemongrass seinem Hauptbestandteil Citral. Auch in seiner ursprünglichen Heimat Ostindien, gilt es als Heilmittel und wird auch in der Küche zur Teezubereitung und als Gewürz verwendet.

Limette

Botanischer Name: Citrus aurantifolia Swingle.
Pflanzenfamilie: Rautengewächse.

Aussehen: immergrüner, kleiner, dichtkroniger Baum mit ledrigen, dunkelgrünen Blättern, in die

Öldrüsen eingelagert sind. Die weißen Blüten duften stark. Dreimal im Jahr werden neue Triebe entwickelt.
Vorkommen: Südost-Asien, Mittelmeergebiet.
Geruch: süß, herb, spritzig, frisch.
Verwendete Pflanzenteile: Früchte und Fruchtschalen.

Gewinnung: Wasserdampfdestillation und Pressung.

Heilwirkung
Physisch: antiseptisch, antiviral, desodorierend, bindegewebsstraffend, verdauungsanregend, blähungstreibend, harntreibend.
Psychisch: erheiternd, aufhellend, leichtmachend.

Indikation
Physisch: bei Infektionsgefahr, Bindegewebsschwäche, Appetitlosigkeit, Blähungen.
Psychisch: bei Depression, Müdigkeit, Trägheit.

Mischungsvorschläge: mit Vanille, Bergamotte, Orange, Zirbelkiefer, Zeder.

Anwendung: in der Aromalampe bei erhöhter Infektionsgefahr, als Duschzusatz morgens, als Massageöl bei schwachem Bindegewebe, als Bad bei Müdigkeit.

Tip: Verwenden Sie Limettenessenz, ähnlich wie Zitronenschale, in der Küche zum Aromatisieren von Speisen.

Lorbeer

Botanischer Name: Laurus nobilis.
Pflanzenfamilie: Lorbeergewächse.

Aussehen: über zehn Meter hoher, immergrüner Strauch oder Baum mit lanzettlichen, bis 10 cm langen Blättern und kleinen gelben Blüten.
Vorkommen: Mittelmeerraum, Indien.
Geruch: herb, streng, würzig.
Verwendete Pflanzenteile: Blätter.

Gewinnung: Wasserdampfdestillation.

Heilwirkung
Physisch: durchwärmend, desinfizierend.
Psychisch: aufhellend, anregend, leicht euphorisierend.

Indikation
Physisch: bei Magenverstimmung, Kolik, Husten, Rheuma, juckendem Hautausschlag, Fußpilz.
Psychisch: bei Minderwertigkeitsgefühl, Depression.

Mischungsvorschlag: mit Bergamotte.

Anwendung: als Bauchkompresse bei Magenverstimmung und Kolik, als Bad und Massageöl bei Rheuma, in der Duftlampe bei Husten, als Heilöl bei Ausschlag, als Bad bei Durchblutungsstörungen.

Tip: Lorbeeressenz eignet sich gut als Küchengewürz für Suppen und Saucen.

Majoran

Botanischer Name: Origanum majorana.
Pflanzenfamilie: Lippenblütler.

Aussehen: ausdauernder Halbstrauch mit vierkantigen, stark verästelten Stengeln, die kleine, einförmige Laubblätter tragen; wird bis 50 cm hoch. Die unauffälligen Blüten sind weiß bis rosafarben.
Vorkommen: Mittel- und Südeuropa.
Geruch: würzig, warm.
Verwendete Pflanzenteile: Blätter und Blüten.

Gewinnung: Wasserdampfdestillation.

Heilwirkung
Physisch: krampflösend, verdauungsanregend, beruhigend, schmerzstillend, menstruationsfördernd, antiseptisch, wundheilend, abführend, sexuell dämpfend.
Psychisch: lösend, erwärmend.

Indikation
Physisch: bei Verdauungsbeschwerden, Husten, Bluthochdruck, Migräne, Muskelkater, Muskelverspannungen, Stirnhöhlenerkrankungen, Stockschnupfen, Halsentzündung, Rheuma.
Psychisch: bei Traurigkeit, Verlassenheitsgefühlen, Angst, nervöser Spannung, Labilität.

Mischungsvorschläge: mit Bergamotte, Lavendel.

Anwendung: als Bad bei nervöser Anspannung, als Inhalation bei Stirnhöhlenerkrankung, als Massageöl bei Muskelkater, Muskelverspannung und

Migräne (Nackenmassage), in der Aromalampe bei Traurigkeit.

Tip: Majoran nicht während der Schwangerschaft verwenden!

Mandarine

Botanischer Name: Citrus reticulata.
Pflanzenfamilie: Rautengewächse.

Aussehen: kleiner Baum oder dorniger Strauch mit lanzettlichen Blättern und in Büscheln angeordneten Blüten.
Vorkommen: Südeuropa, Ostasien.
Geruch: süß, zart, frisch, mild.
Verwendete Pflanzenteile: Schalen.

Gewinnung: Kaltpressung.

Heilwirkung
Physisch: blutreinigend, belebend, entkrampfend, verdauungsanregend, entspannend.
Psychisch: erhellend, antidepressiv, inspirierend.

Indikation
Physisch: bei nervöser Spannung, schneller Erschöpfung, Schlaflosigkeit, in der Schwangerschaft, bei prämenstruellem Syndrom.
Psychisch: bei Angst, Trauer, Lustlosigkeit, Reizbarkeit, nach seelischen Krisen.

Mischungsvorschläge: mit Honig, Sandelholz, Tonka.

Anwendung: in der Aromalampe bei Müdigkeit, Reizbarkeit, als Entspannungsbad oder Massageöl bei Verkrampfungen und prämentruellem Syndrom.

Tip: Mit Mandarinenessenz lassen sich in der Küche Süßspeisen und Limonaden aromatisieren.

Melisse

Botanischer Name: Melissa officinalis.
Pflanzenfamilie: Lippenblütler.

Aussehen: bis zu einem Meter hohe Staudenpflanze mit herz- und eiförmigen Blättern und bläulich-weißen Blüten.
Vorkommen: Indien, Europa, Nordamerika.
Geruch: frisch, zitronenartig.
Verwendete Pflanzenteile: Blätter und Blüten.

Gewinnung: Wasserdampfdestillation.

Heilwirkung
Physisch: beruhigend, krampflösend, verdauungsfördernd, schweißtreibend, gallenflußanregend, blähungswidrig, herzwirksam, blutdrucksenkend, hormonell ausgleichend.
Psychisch: ausgleichend, schützend, belebend.

Indikation
Physisch: bei Magen- und Darmbeschwerden, Kopfweh, Migräne, Insektenstichen, entzündeter Haut, Quetschungen, Blutergüssen, Allergien, Schilddrüsenentzündung, labilem Kreislauf, Menstruationsbeschwerden, Wechseljahren, Asthma.

Psychisch: bei Einschlafstörungen, Alpträumen, Angst, Trauer, Melancholie, Ärger, Wut, Schock, Nervenzusammenbruch.

Mischungsvorschläge: mit Rose, Geranie, Lavendel.

Anwendung: als Massageöl bei Kopfweh und Migräne (Nackenmassage), als Bad bei labilem Kreislauf, in der Aromalampe bei Angst und Trauer sowie bei Asthma, als Heilöl bei Hauterkrankungen.

Tip: Melissenessenz in neutraler Shampoogrundlage hilft gegen fettiges Haar und Schuppen.
Echtes Melissenöl ist rar und teuer. Häufig wird das ätherische Öl des Citronellagrases als Melissenöl verkauft, welches in der Heilwirkung jedoch nicht vergleichbar ist!

Mimose

Botanischer Name: Acacia decurrens var. dealbata.
Pflanzenfamilie: Schmetterlingsblütler.

Aussehen: Die Acacia-Arten sind Bäume und Sträucher mit doppelt gefiederten oder bis auf den Blattstiel reduzierten Blättern. Die kleinen gelben Blüten bilden zahlreiche runde Köpfchen oder Blütenähren.
Vorkommen: Australien, Südeuropa.
Geruch: warm, süß, blumig, mild.
Verwendete Pflanzenteile: Blüten.

Gewinnung: Extraktion.

Heilwirkung
Physisch: beruhigend, harmonisierend, schlaffördernd, nährend, entzündungshemmend, feuchtigkeitsspendend, blutreinigend, leber- und gallestärkend.
Psychisch: aufbauend, stärkend, tröstend.

Indikation
Physisch: bei Nervosität, Überreiztheit, sensibler, überempfindlicher Haut.
Psychisch: bei Minderwertigkeitsgefühlen, Schock, Schrecken.

Mischungsvorschläge: mit Honig, Mandarine, Neroli.

Anwendung: in der Aromalampe bei Nervosität, als Körperöl und Gesichtscreme bei überempfindlicher, sensibler Haut.

Tip: Mimosenessenz sollte man nicht einnehmen, da die Belastung durch Lösungsmittelrückstände gegeben ist.

Minze

Botanischer Name: Mentha piperita (Pfefferminze), Mentha arvensis (Ackerminze), Mentha aquatica (Wasserminze), Mentha piperita var. vulgaris Piemonte (Piemontminze).
Pflanzenfamilie: Lippenblütler.

Aussehen: viele verschiedene Arten, zum Teil schwer voneinander zu unterscheiden. Beispiel

Pfefferminze: 50–80 cm hohe Pflanze mit flachem Wurzelwerk und zahlreichen ober- und unterirdischen Ausläufern. Die hell- bis dunkelgrünen, am Rand gezähnten Blätter sind gegenständig angeordnet. Die Pfefferminze blüht rosarot bis hellviolett.
Vorkommen: Europa, Asien, USA, Australien.
Geruch: frisch, hell, kühl, süßlich.
Verwendete Pflanzenteile: Kraut.

Gewinnung: Wasserdampfdestillation.

Heilwirkung
Physisch: magenstärkend, schmerzlindernd, krampflösend, galle- und lymphflußanregend, entstauend, blutdrucksenkend, abwehrsteigernd, schleimlösend.
Psychisch: konzentrationsfördernd, erfrischend, klärend.

Indikation
Physisch: bei Magen-und Darmkrämpfen, Übelkeit, Kopfschmerzen, Erkältungen und Infektionskrankheiten, geschwollenen Beinen, Hitzewallungen, Schwindel, Schock, Rheuma, Hexenschuß, Muskelschmerz, Insektenstich, Föhnbeschwerden, Akne.
Psychisch: bei Müdigkeit, unklarem Geist, schlechter Gedächtnis- und Konzentrationsleistung.

Mischungsvorschläge: mit Lavendel, Grapefruit, Zitrone, Eukalyptus, Cistrose.

Anwendung: als Inhalation bei Erkältung, als Einreibung (pur) bei Kopfschmerzen, als Trockeninhalation bei Reiseübelkeit, als Körperöl bei Hexenschuß und Muskelschmerz, als Fußbad bei dicken Beinen, in der Aromalampe im Arbeitszimmer, als Gesichtswasser bei Akne.

Tip: Minzöl nicht während der Behandlung mit homöopathischen Medikamenten einnehmen, da es deren Wirkung aufheben kann. Auch Kinder unter 6 Jahren sollten es nicht nehmen.

Minzöl ist eine Vernunft und klares Denken fördernde Essenz, weshalb es ideal für Büros und Arbeitsräume ist! Sein Hauptbestandteil ist Menthol, das einen kühlenden Effekt hat. Es spricht die Kältenerven an, was den subjektiven Eindruck von Frische bis zu Frösteln am ganzen Körper erzeugt. Minzöl ist als eines der gebräuchlichsten Öle in vielen Zahn- und Mundpflegeprodukten und Reinigungsmitteln zu finden. Es sollte stets vorsichtig dosiert werden, da es in hoher Konzentration zu Reizungen führen kann.

Muskatellersalbei

Botanischer Name: Salvia sclarea.
Pflanzenfamilie: Lippenblütler.

Aussehen: bis 1,20 Meter hohe, aufrechte Pflanze, mit großen, eiförmigen, runzligen Blättern, und rosa, lila, violetten und blauen Blüten.
Vorkommen: Mitteleuropa.
Geruch: hell, warm, süß, heuartig.
Verwendete Pflanzenteile: Blätter und Blüten.

Gewinnung: Wasserdampfdestillation.

Heilwirkung
Physisch: antiseptisch, krampflösend, verdauungsfördernd, menstruationsfördernd, blutdrucksenkend, desodorierend, vitalisierend, schweißhemmend.
Psychisch: euphorisierend, berauschend, belebend, tief entspannend, aufbauend, inspirierend, kreativitätsfördernd, verjüngend.

Indikation
Physisch: bei Magen- und Darmkrämpfen, Blähungen, Bronchitis, Asthma, Menstruationsbeschwerden, Kopfschmerz, Insektenstichen.
Psychisch: bei Depression, Nervosität, Unruhe, Melancholie.

Mischungsvorschläge: mit Sandelholz, Bergamotte, Jasmin, Lavendel, Geranie.

Anwendung: als Kompresse bei Magen- und Unterleibskrämpfen, als Inhalation bei Bronchitis, als Bad bei Menstruationsbeschwerden, als Massageöl bei Kopfschmerz, in der Aromalampe und als Bad bei Depression.

Tip: Muskatellersalbei darf nicht bei Veranlagung zu Epilepsie verwendet werden, auch nicht zusammen mit eisenhaltigen Medikamenten. Seine Wirksamkeit liegt vor allem im psychischen Bereich.

Muskatnuß

Botanischer Name: Myristica frangans.
Pflanzenfamilie: Muskatnußgewächse.

Aussehen: mittelhoher, immergrüner Baum mit dichtbelaubter Krone. Die ledrigen Blätter sind dunkelgrün, auf der Unterseite weißlich.
Vorkommen: Südost-Asien, Westindische Inseln.
Geruch: würzig, herb.
Verwendete Pflanzenteile: Samen und Samenmäntel.

Gewinnung: Wasserdampfdestillation.

Heilwirkung
Physisch: verdauungsanregend, kreislaufanregend, menstruationsfördernd, beruhigend, aufbauend, antiseptisch, schmerzlindernd.
Psychisch: schmerzlindernd, betäubend.

Indikation
Physisch: bei Magen- und Darminfektion, Durchfall, Blähungen, Gallensteinen, Rheuma, Muskelkater, Hexenschuß.
Psychisch: bei Depression, Energielosigkeit.

Mischungsvorschläge: mit Nelke, Zimt, Geranie.

Anwendung: als Massageöl bei Rheuma und Hexenschuß, als Bad bei Muskelkater und schwacher Menstruation, in der Aromalampe bei seelischem Schmerz.

Tip: Muskatnußessenz enthält als Hauptbestandteil Myristicin, eine nicht ungefährliche Substanz, die in hoher Dosierung rauscherzeugend und toxisch wirken kann. Sie sollte deshalb kindersicher aufbewahrt werden!

Myrrhe

Botanischer Name: Commiphora myrrha.
Pflanzenfamilie: Balsambaumgewächse.

Aussehen: bis zehn Meter hoher, mit Dornen besetzter Baum.
Vorkommen: Indien, Libyen, Iran.
Geruch: streng, bitter.
Verwendete Pflanzenteile: Harz.

Gewinnung: Wasserdampfdestillation.

Heilwirkung
Physisch: antiseptisch, fungizid, schleimlösend, blutreinigend, balsamisch, adstringierend, heilungs-, verdauungs- und menstruationsfördernd.

Indikation
Physisch: bei Verdauungsbeschwerden, Appetitlosigkeit, Lungenerkrankungen, Hämorrhoiden, Zahnfleischentzündung, Mund- und Halsentzündung, Geschwüren, schlecht heilenden Wunden, Fußpilz, Katarrh, Durchfall, Scheidenpilz.

Mischungsvorschlag: mit Bergamotte.

Anwendung: zum Gurgeln bei Mund-, Hals- und Zahnfleischentzündung, als Kompresse bei Geschwüren und schlecht heilenden Wunden, als Sitzbad bei Hämorrhoiden und Scheidenpilz, als Inhalation, Einreibung und Bad bei Erkältungen.

Tip: Myrrhe nicht während der Schwangerschaft verwenden, da sie menstruationsfördernd ist!

Myrte

Botanischer Name: Myrtis communis.
Pflanzenfamilie: Myrtengewächse.

Aussehen: drei bis fünf Meter hoher, immergrüner Macchia-Strauch mit glänzenden, ledrigen, lanzettartig geformten Blättern und weißen Blüten, später kleinen, blauschwarzen Beeren als Früchten.
Vorkommen: Mittelmeerraum.
Geruch: frisch, herb, kräuterartig, würzig.
Verwendete Pflanzenteile: blühende Zweigspitzen.

Gewinnung: Wasserdampfdestillation.

Heilwirkung
Physisch: antiseptisch, schleimlösend, desodorierend.
Psychisch: klärend, sammelnd, reinigend.

Indikation
Physisch: bei Bronchitis, Katarrh, Raucherhusten, Stirnhöhlenentzündung, Hämorrhoiden, Blasen- und Harnleiterentzündung, fettiger Haut, Akne.
Psychisch: bei Selbstzerstörung, Suchtverhalten, in Wandlungsphasen, bei Angst und Verzweiflung.

Mischungsvorschläge: mit Neroli, Lavendel, Zypresse.

Anwendung: als Massageöl bei Bronchitis, als Inhalation bei Husten und Stirnhöhlenentzündung, als Sitzbad bei Blasen- und Harnleiterentzündung, als Gesichtswasser zur Hautpflege.

Tip: Aus den Früchten des Myrtenstrauches läßt sich ein feines Gelee bereiten.

Narde

Botanischer Name: Nardostachys jatamansi.
Pflanzenfamilie: Baldriangewächse.

Aussehen: 30–60 cm hohe Hochgebirgspflanze mit zartrosa bis violetten Blüten. Einzigartig in der Pflanzenwelt ist die Entwicklung der Blüten direkt aus der Wurzel, aus einem sogenannten schlagenden Auge aus dem Wurzelbereich. Die beblätterten, vegetativen Sprossen sitzen daneben.
Vorkommen: Himalaya (in 3500–5600 Meter Höhe).
Geruch: erdig, moorig, warm, ziemlich streng.
Verwendete Pflanzenteile: verholzende Wurzelsprossen.

Gewinnung: Wasserdampfdestillation.

Heilwirkung
Physisch: harmonisierend, ausgleichend, entspannend, anregend, herzstärkend, kreislauf- und blutdruckstabilisierend, durchblutungsfördernd, hautpflegend.
Psychisch: entspannend, harmonisierend, verbindend.

Indikation
Physisch: bei Fieber, Herzrhythmusstörungen, Blutdruckschwankungen, Kreislaufbeschwerden, Einschlafstörungen, Unterleibsbeschwerden, Hautallergien.

Psychisch: bei Unausgeglichenheit, Zerrissenheit, starken Gefühlsschwankungen.

Mischungsvorschlag: mit Sandelholz.

Anwendung: in der Aromalampe bei Nervosität, als Massageöl bei Unterleibsbeschwerden, als Heilöl bei Hautallergien, als Bad bei Kreislaufstörungen.

Tip: Verwenden Sie Nardenessenz in Pflanzenölgrundlage (z. B. Mandelöl, Jojobaöl) zur Hautpflege. Es wirkt harmonisierend und regenerierend bis in die Tiefe der Hautschichten!

Nelke

Botanischer Name: Eugenia caryophyllata.
Pflanzenfamilie: Myrtengewächse.

Aussehen: 10–12 Meter hoher, immergrüner Baum, der eine dichte, pyramidenförmige Krone bildet.
Vorkommen: Indien, Sansibar.
Geruch: warm, würzig, aromatisch, süß.
Verwendete Pflanzenteile: Blüten und Blätter.

Gewinnung: Wasserdampfdestillation.

Heilwirkung
Physisch: magenstärkend, krampflösend, keimtötend, schmerzbetäubend, blähungswidrig.
Psychisch: lösend, entkrampfend.

Indikation
Physisch: bei Blähungen, Magen- und Darmbe-

schwerden, Durchfall, Schwächezuständen, bei Wunden, Zahnschmerzen, zur Geburtshilfe.
Psychisch: bei übertriebenem Festhalten an der Vergangenheit.

Mischungsvorschläge: mit Zimt, Vanille, Koriander, Rose.

Anwendung: als Kompresse und Sitzbad bei Unterleibs-, Magen- und Darmbeschwerden, als Bad und Massageöl bei Schwächezuständen, als Kompresse auf entzündete Wunden, im Mundwasser, in der Aromalampe oder im Sonnenöl gegen Insekten.

Tip: Geben Sie bei Zahnschmerzen einen Tropfen Essenz auf den betroffenen Zahn oder drücken Sie ein mit Essenz getränktes Wattebäuschchen darauf.

Neroli

Botanischer Name: Citrus aurantium.
Pflanzenfamilie: Rautengewächse.

Aussehen: sechs bis neun Meter hoher Baum mit kleinen Dornen. Die immergrünen Blätter sind länglich-oval und die Blüten klein und weiß.
Vorkommen: Indien, China, Süditalien, Südfrankreich, Marokko, Tunesien, Ägypten.
Geruch: würzig, süß.
Verwendete Pflanzenteile: Blüten.

Gewinnung: Wasserdampfdestillation.

Heilwirkung
Physisch: antiseptisch, verdauungsfördernd, sedativ, regenerierend, einschläfernd, leicht aphrodisierend.
Psychisch: entspannend, aufbauend, ausgleichend, harmonisierend.

Indikation
Physisch: bei Durchfall, Blähungen, nervösen Herzbeschwerden, trockener und empfindlicher Haut, geplatzten Äderchen, Kopfschmerz, prämenstruellem Syndrom.
Psychisch: bei unbewußter Angst, Depression, Schock, innerer Anspannung, Verzweiflung, Schlafstörungen.

Mischungsvorschläge: mit Sandelholz, Rose, Jasmin, Zeder, Zitrone.

Anwendung: als Bad und Bauchkompresse bei prämenstruellem Syndrom, als Bad bei nervösen Herzbeschwerden, als Bad und Massageöl bei Angst und Depression, als Körperöl bei trockener und empfindlicher Haut, als Desodorant im Waschwasser, in der Aromalampe bei innerer Anspannung.

Tip: Neroli- oder Orangenblütenessenz bester Qualität stammt von den Blüten der Bitterorange (Neroli bigaradia). Daneben gibt es das Öl aus den Blüten der Süßorange (Neroli Portugal). Neroliessenz ist besonders auf psychischer Ebene wirksam.

Niaouli

Botanischer Name: Melaleuca viridiflora.
Pflanzenfamilie: Myrtengewächse.

Aussehen: zäher Baum, mit immergrünen, ledrigen, gegenständigen, ganzrandigen Blättern und in Blütenständen angeordneten Blüten.
Vorkommen: Australien, Neu-Kaledonien, Indien.
Geruch: frisch, eukalyptusartig.
Verwendete Pflanzenteile: Blätter.

Gewinnung: Wasserdampfdestillation.

Heilwirkung
Physisch: antiseptisch, harntreibend, wundheilend, regenerierend, schmerzstillend, anregend.

Indikation
Physisch: bei Erkältungen, Darminfektionen, Ohrenentzündung, Rheuma.

Mischungsvorschläge: mit Zitrone, Orange, Myrte, Eukalyptus.

Anwendung: in der Aromalampe und als Inhalation bei Erkältungskrankheiten, als Massageöl bei Rheuma, als Kompresse auf Wunden, auf einem Wattebausch mit Pflanzenöl vermischt bei Ohrenentzündung.

Tip: Niaouli-Essenz ist auch als Gomenol-Öl erhältlich.

Orange

Botanischer Name: Citrus sinensis.
Pflanzenfamilie: Rautengewächse.

Aussehen: kleiner, immergrüner Baum mit eiförmigen, glänzenden Blättern, kleinen weißen Blüten und orangefarbenen Früchten.
Vorkommen: Südeuropa, China, USA, Südamerika, Brasilien, Israel, Marokko.
Geruch: frisch, fruchtig, süß, mild, hell.
Verwendete Pflanzenteile: Fruchtschalen.

Gewinnung: Kaltpressung.

Heilwirkung
Physisch: erfrischend, belebend, blutreinigend, stoffwechselanregend, verdauungsanregend, herzstärkend, fiebersenkend, krampflösend, blutdrucksenkend, wundheilend, hautpflegend.
Psychisch: wärmend, sinnlich, erheiternd, ausgleichend, entspannend.

Indikation
Physisch: bei Verdauungsschwäche, Blasen- und Nierenerkrankungen, Fieber, Herzklopfen, Kopfschmerz, Bluthochdruck, Ohrenschmerzen, spröder, rissiger Haut, Akne, Narbenbildung, Verhornung, Cellulitis, Schlafstörungen, Herzspannen.
Psychisch: bei Ängstlichkeit, Bedürfnis nach Wärme und Zärtlichkeit, Verspannung, Nervosität.

Mischungsvorschläge: mit Neroli, Zitrone, Zimt, Grapefruit, Zypresse, Sandelholz, Ylang Ylang, Honig.

Anwendung: in der Aromalampe für das Kinderzimmer, als Bad und Massageöl bei Cellulitis, Vernarbung, spröder, trockener Haut und Verhornung, als Bad und in der Aromalampe bei Nervosität und Bluthochdruck, auf einem Wattebausch in fettem Öl gelöst bei Ohrenschmerzen.

Tip: Ätherisches Orangenöl sollte aus biologisch angebauten, ungespritzten Früchten stammen, da Spritzmittelrückstände an den Schalen haften bleiben und mit der Pressung in die Essenz gelangen können.

Neben dem ätherischen Öl aus den Fruchtschalen der Bitterorange (Citrus bigaradia) gibt es das aus den Schalen der süßen Orange (Citrus aurantium) gewonnene Öl, das in großen Mengen preiswert angeboten wird.

Origanum

Botanischer Name: Origanum vulgare (Dost).
Pflanzenfamilie: Lippenblütler.

Aussehen: 30–50 cm hohe Staude mit reich bewurzelten, verholzten Bodenausläufern. Die eiförmigen Blätter sind verschieden groß. Die ganze Pflanze ist drüsig und behaart. Die büschelförmig angeordneten Blüten sind rosarot gefärbt.
Vorkommen: Südeuropa.
Geruch: aromatisch, würzig, scharf, herb.
Verwendete Pflanzenteile: Blätter und Blüten.

Gewinnung: Wasserdampfdestillation.

Heilwirkung
Physisch: appetitanregend, antiviral, krampflösend, schleimlösend, hustenstillend, menstruationsfördernd.
Psychisch: beruhigend, harmonisierend.

Indikation
Physisch: bei Appetitlosigkeit, Blähungen, Erkrankungen der Atemwege, Asthma, chronischen Hauterkrankungen, Cellulitis, unregelmäßiger und schwacher Menstruation.
Psychisch: bei seelischer Verausgabung.

Mischungsvorschläge: mit Zitrone, Thymian, Geranie.

Anwendung: in der Aromalampe und als Inhalation bei Husten und Bronchitis, als Bad und Körperöl bei Ekzemen und Cellulitis, als Bauchkompresse und Sitzbad bei schwacher Regel.

Tip: Ein Tropfen Origanum gibt in der Küche jedem Tomatengericht den letzten italienischen Pfiff!

Pampelmuse

Botanischer Name: Citrus deucumana.
Pflanzenfamilie: Rautengewächs.

Aussehen: kleiner Baum mit behaarten Zweigen, großen, 10–20 cm langen Blättern, weißen Blüten und sehr großen Früchten mit dicker, weicher Schale.
Vorkommen: USA, Südeuropa.

Geruch: fruchtig, frisch, hell.
Verwendete Pflanzenteile: Fruchtschalen.

Gewinnung: Kaltpressung.

Heilwirkung
Physisch: erfrischend, blutreinigend, adstringierend, Leber und Galle anregend, durchblutungsfördernd, hautstraffend.
Psychisch: euphorisierend.

Indikation
Physisch: bei Magenverstimmung, Appetitlosigkeit, Erschöpfung, Durchfall, fettiger Haut, Fett- und Magersucht, Cellulitis.
Psychisch: bei Depression, Gefühl von Schwere, Trübsinn, seelischer Erschöpfung.

Mischungsvorschläge: mit Orange, Honig, Vanille.

Anwendung: in der Aromalampe bei trüber Stimmung und „dicker Luft", als Massageöl bei fettiger Haut und Cellulitis, als Bad bei Erschöpfung, als Bad und Körperöl bei Fett- und Magersucht, zur Speisenaromatisierung.

Tip: Mischen Sie bei fettigem Haar einige Tropfen Pampelmusenessenz in Ihr Haarshampoo.

Patschuli

Botanischer Name: Pogostemon patschuli.
Pflanzenfamilie: Lippenblütler.

Aussehen: bis einen Meter hoher Busch mit breiten, weichen, pelzartigen Blättern.
Vorkommen: Malaysia, Südost-Asien, Westindische Inseln, Paraguay.
Geruch: modrig, erdig, animalisch, scharf, durchdringend.
Verwendete Pflanzenteile: getrocknete, fermentierte Blätter.

Gewinnung: Wasserdampfdestillation.

Heilwirkung
Physisch: wundheilend, antiseptisch, aphrodisierend, nervenberuhigend, entwässernd, fiebersenkend, tonisierend.
Psychisch: antidepressiv, erotisierend, sinnlich.

Indikation
Physisch: bei Schwächegefühl, Nervosität, Hautpilz, Akne, Ekzemen, Schuppen, Insektenstichen.
Psychisch: bei Überempfindlichkeit, Nervosität, Unruhe.

Mischungsvorschläge: mit Tonka, Jasmin, Ylang Ylang, Moschuskörnern.

Anwendung: Als Spülung bei Infektionen, als Gesichtsöl bei Akne, pur auf Mitessern und Insektenstichen, in der Duftlampe bei Nervosität und Unruhe und zur Parfümierung der Wäsche.

Tip: Mit Patschuli im Kleiderschrank halten Sie Motten fern. Allerdings muß man den Duft mögen, da er so langlebig ist, daß er als natürliches Fixativ in der Kosmetikindustrie benutzt wird.

Petit Grain

Botanischer Name: Citrus bigaradia (Bitterorange), Citrus aurantium (Süßorange); Citrus limon (Zitrone), Citrus reticulata (Mandarine).
Pflanzenfamilie: Rautengewächse.

Aussehen: immergrüne, kleine, dichtkronige Bäume mit teilweise bedornten Zweigen.
Vorkommen: Südeuropa, Ostasien, USA, Südamerika, Brasilien, Israel, Marokko.
Geruch: frisch, blumig.
Verwendete Pflanzenteile: Blätter und Zweige, unreife Früchte.

Gewinnung: Wasserdampfdestillation.

Heilwirkung
Physisch: beruhigend, antibakteriell, entspannend, belebend, hautstraffend.
Psychisch: entspannend, heiter stimmend, kreativitätsfördernd, gedächtnisstärkend.

Indikation
Physisch: bei Nervosität, Magenverstimmung, nervösen Verdauungsstörungen, Verspannungen.
Psychisch: bei Angstzuständen, Trauer, Gereiztheit.

Mischungsvorschläge: mit Geranium, Lavendel, Zeder.

Anwendung: in der Duftlampe bei Nervosität, als Bad zur Belebung, als Massageöl bei fettiger und unreiner Haut, als Kompresse bei Verdauungsbeschwerden.

Tip: Nach einer Einreibung mit Petit Grain-Körperöl längeren Aufenthalt in der Sonne meiden, da die Gefahr von unschöner Fleckenbildung auf der Haut besteht!

Pfeffer, schwarzer

Botanischer Name: Piper nigrum.
Pflanzenfamilie: Pfeffergewächse.

Aussehen: holzige Kletterpflanze, die an Stützbäumen emporklimmt. Die dunkelgrünen Blätter sind länglich-eiförmig, die unscheinbaren Blüten hängen im Abstand von 20–30 cm in einem ährenförmigen Blütenstand.
Vorkommen: Südamerika, Indonesien, Sumatra.
Geruch: scharf, würzig.
Verwendete Pflanzenteile: Samen.

Gewinnung: Wasserdampfdestillation.

Heilwirkung
Physisch: anregend, magenstärkend, durchwärmend, krampflösend, windtreibend, tonisierend, milzanregend.
Psychisch: aktivierend.

Indikation
Physisch: bei Magenbeschwerden, Rheuma, Durchblutungsstörungen, Hämorrhoiden, nach Blutverlust, bei Muskelkater.
Psychisch: bei Antriebsschwäche.

Mischungsvorschläge: mit Zeder, Ingwer.

Anwendung: als Massageöl und Bad bei Rheuma, Arthritis, Muskelschmerz und -steifheit sowie Durchblutungsstörungen, als Kompresse bei Verdauungsbeschwerden.

Tip: Pfefferessenz vorsichtig dosieren, besonders bei Anwendungen mit Hautkontakt genügen kleine Mengen, da die Essenz stark hautrötend wirken kann!

Rose

Botanischer Name: Rosa damascena, Rosa centifolia, Rosa gallica.
Pflanzenfamilie: Rosengewächse.

Aussehen: Unter der großen Vielzahl verschiedenartiger und -farbiger Rosensorten sind die drei oben genannten buschig im Wuchs mit kleinen rosa Blüten.
Vorkommen: Marokko, Tunesien, Südfrankreich, Italien, Bulgarien, Türkei, Indien, China, Rußland.
Geruch: zart, sanft, blumig.
Verwendete Pflanzenteile: Blüten.

Gewinnung: Wasserdampfdestillation.

Heilwirkung
Physisch: antiseptisch, beruhigend, krampflösend, wundheilend, menstruationsfördernd, kühlend, tonisierend, uterusstärkend, aphrodisierend, hautpflegend.
Psychisch: antidepressiv, sinnlich, harmonisierend, besänftigend.

Indikation
Physisch: bei nervösen Herzbeschwerden, Fieber, unregelmäßiger Menstruation. Gebärmuttererkrankungen, Hauterkrankungen, Altershaut, Bindehautentzündung.
Psychisch: bei Wochenbettdepression, Eifersucht, Trauer, Enttäuschung.

Mischungsvorschläge: mit Sandelholz, Jasmin, Neroli.

Anwendung: als Körperöl bei trockener Haut, als Gesichtscreme bei geplatzten Äderchen, als Bad und Massageöl bei Menstruationsbeschwerden, als Augenbad bei Bindehautentzündung, in der Aromalampe während der Schwangerschaft, als Kompresse bei Fieber und nervösen Herzbeschwerden, als Körperöl in der Baby- und Kleinkinderpflege, in der Aromalampe bei Traurigkeit.

Tip: Die drei Öle aus den drei veschiedenen Rosensorten weisen leichte Duft- und Farbunterschiede auf. Als feinstes Öl gilt das bulgarische Öl aus der Damaszenerrose.

Rosenholz

Botanischer Name: Aniba rosaeodora.
Pflanzenfamilie: Lorbeergewächse.

Aussehen: tropischer Baum mit einfachen, lederartigen Blättern und kleinen Blüten.
Vorkommen: Indien, Kanarische Inseln, Amazonasgebiet.

Geruch: warm, holzig, leicht würzig, blumig.
Verwendete Pflanzenteile: Wurzeln bzw. Wurzelholz.

Gewinnung: Wasserdampfdestillation.

Heilwirkung
Physisch: krampflösend, blutdrucksenkend, wundheilend, hautberuhigend, ausgleichend, antibakteriell, tonisierend.
Psychisch: lösend, entspannend, stabilisierend, aphrodisierend.

Indikation
Physisch: bei Nervosität, Streß, trockener Haut, Kopfschmerz.
Psychisch: bei Depression, hoher Erregbarkeit.

Mischungsvorschläge: mit Rose, Koriander, Bay.

Anwendung: in der Aromalampe bei nervöser Müdigkeit, Streß und Kopfschmerzen, als Massageöl bei trockener und ermüdeter Haut und als Gesichtsöl bei empfindlicher und gereizter Haut.

Tip: Rosenholzessenz ist ein idealer Zusatz zu Cremes und Körperölen bei trockener Haut.

Rosmarin

Botanischer Name: Rosmarinus officinalis.
Pflanzenfamilie: Lippenblütler.

Aussehen: ein bis zwei Meter hoher, immergrüner

Strauch mit ledrigen, nadelartigen Blättern und kleinen, hellblauen Blüten.
Vorkommen: Südeuropa.
Geruch: kräftig, herb, warm, durchdringend, kampferartig mit mildem Unterton.
Verwendete Pflanzenteile: blühendes Kraut.

Gewinnung: Wasserdampfdestillation.

Heilwirkung
Physisch: antiseptisch, krampflösend, anregend, galletreibend, schweißtreibend, harntreibend, menstruationsfördernd, leberstärkend, blutdrucksteigernd, blutzuckersenkend, durchblutungsfördernd, gedächtnisstärkend, schmerzlindernd, haar- und hautpflegend.
Psychisch: strukturierend, bewußtseinsstärkend, Willenskraft stärkend.

Indikation
Physisch: bei Erschöpfung, Bronchitis, Erkältung, Asthma, Lebererkrankungen, Gallenblasenentzündung, Gallensteinen, Verdauungsbeschwerden, Kopfweh, Migräne, niedrigem Blutdruck, hohem Cholesterinspiegel, Krampfadern.
Psychisch: bei Nervenschwäche, Erschöpfung, Apathie.

Mischungsvorschläge: mit Zeder, Zirbelkiefer, Zitrone, Oregano, Wacholder, Pampelmuse.

Anwendung: als Bad und Massageöl bei Rheuma und Durchblutungsstörungen, als Inhalation bei Bronchitis, in der Aromalampe und als Körperöl bei Erschöpfung, als Fußbad bei chronisch kalten

Füßen, in der Duftlampe bei Konzentrationsschwäche, als Kompresse bei Gallenbeschwerden.

Tip: Bei fettiger und unreiner Haut ist Rosmarin ein idealer Zusatz in allen Hautpflegemitteln.

Salbei

Botanischer Name: Salvia officinalis – Echter Salbei.
Pflanzenfamilie: Lippenblütler.

Aussehen: 50–70 cm hoher Halbstrauch mit stark verästeltem Wurzelwerk. Die Stengel sind filzig behaart und verholzen unten. Die graufilzigen Blätter sind eiförmig, die Blüten hell- bis violettblau.
Vorkommen: Südeuropa.
Geruch: intensiv, würzig.
Verwendete Pflanzenteile: Kraut.

Gewinnung: Wasserdampfdestillation.

Heilwirkung
Physisch: antiseptisch, blutreinigend, schweißtreibend, krampflösend, harntreibend, blutdrucksteigernd, appetitanregend, wundheilend, menstruationsfördernd, wärmend.
Psychisch: ausgleichend, kräftigend, anregend.

Indikation
Physisch: bei Infektionskrankheiten, Schwächezuständen, Menstruationsbeschwerden, Halsentzündung, Schweißausbruch.
Psychisch: bei seelischer „Dünnhäutigkeit“.

Mischungsvorschläge: mit Thymian, Lavendel.

Anwendung: in der Duftlampe zur Raumdesinfektion, als Bad bei Schweißausbruch und Schwächezuständen, zum Gurgeln bei Halsentzündung.

Tip: Salbeiessenz nicht innerlich anwenden, da sie einen hohen Anteil an Thujon enthält, das epileptische Anfälle und Krämpfe auslösen kann.

Sandelholz

Botanischer Name: Santalum album.
Pflanzenfamilie: Sandelholzgewächse.

Aussehen: kleiner, immergrüner, immerblühender Baum, Halbschmarotzer.
Vorkommen: Indien, Südost-Asien.
Geruch: warm, samtig, holzig, süß.
Verwendete Pflanzenteile: Kernholz.

Gewinnung: Wasserdampfdestillation.

Heilwirkung
Physisch: antiseptisch, sedativ, hautpflegend, durchblutungsfördernd, ausscheidungsfördernd, krampflösend, schleimlösend.
Psychisch: leicht euphorisierend, kreativitätsfördernd, verlangsamend, aphrodisierend.

Indikation
Physisch: bei Blasenentzündung, Reizhusten, chronischer Bronchitis, Halsschmerzen, Kehlkopfentzündung, Akne, Hämorrhoiden, Potenzschwäche,

Nieren-, Blasen- und Harnleiterentzündung, Cellulitis, Durchfall, Ekzem.
Psychisch: bei Angst, nervöser Anspannung, Impotenz, Frigidität.

Mischungsvorschläge: mit Jasmin, Rose, Ylang Ylang.

Anwendung: als Inhalation bei Bronchitis und Reizhusten, als Massageöl und Bad bei Impotenz, als Körperöl bei Cellulitis, Akne und Ekzem, als Sitzbad bei Blasenentzündung und Hämorrhoiden, in der Aromalampe und als Massageöl bei nervöser Anspannung.

Tip: Sandelholzessenz nicht bei akuter Nierenentzündung benutzen!

Schafgarbe

Botanischer Name: Achillea millefolium.
Pflanzenfamilie: Korbblütler.

Aussehen: bis 80 cm hohe Pflanze mit vielfach gefiederten Blättern und weißen und rosa Blüten.
Vorkommen: Mitteleuropa.
Geruch: krautig-aromatisch, warm.
Verwendete Pflanzenteile: Kraut und Blüten.

Gewinnung: Wasserdampfdestillation.

Heilwirkung
Physisch: entkrampfend, anregend, magenstärkend, desinfizierend, blähungswidrig, wundheilend,

blutstillend, blutreinigend, menstruationsregulierend.
Psychisch: Gegensätze ausgleichend, harmonisierend, integrierend, intuitionsfördernd.

Indikation
Physisch: bei Verdauungsbeschwerden, Gastritis, Appetitlosigkeit, Blähungen, Frauenleiden, Wunden, Krämpfen, Fieber, Ekzemen, Krampfadern, Rheuma, Hämorrhoiden, Kopfschmerz, Sonnenbrand.
Psychisch: bei Verwirrung, nervöser Depression, im Klimakterium, beim Aufarbeiten seelischer Verletzungen, in Zeiten der Wandlung.

Mischungsvorschläge: mit Muskatellersalbei, Melisse, Myrte.

Anwendung: als Kompresse bei Ekzemen, Wunden und Geschwüren, als Bad bei Rheuma, als Sitzbad und Massageöl bei Unterleibsbeschwerden, als Heilöl bei Sonnenbrand, in der Duftlampe bei nervöser Depression.

Tip: In der Eigenherstellung von Naturkosmetik ist Schafgarbenessenz besonders empfehlenswert zur Pflege unreiner und entzündeter Haut, als Zusatz in Shampoos gilt die Essenz als haarwuchsfördernd.

Tea Tree (Teebaum)

Botanischer Name: Melaleuca alternifolia.
Pflanzenfamilie: Myrtengewächse.

Aussehen: immergrüner Baum mit kleinen, 1 cm langen, spitzen, elliptischen Blättern.
Vorkommen: Australien, Neuseeland.
Geruch: intensiv, frisch, medizinisch.
Verwendete Pflanzenteile: Blätter.

Gewinnung: Wasserdampfdestillation.

Heilwirkung
Physisch: keimtötend (bei Bakterien-, Pilz- und Virenbefall), abwehrstimulierend.

Indikation
Physisch: bei Infektionskrankheiten, Fußpilz, Herpes, Spinnen- und Skorpionbiß, Pilzbefall der Vaginalschleimhaut, Warzen, bei Abwehrschwäche.

Mischungsvorschläge: mit Lavendel, Thymian.

Anwendung: als Bad bei Erkältungen, als Heilöl oder -salbe bei Pilzbefall, unverdünnt bei Insekten-, Spinnen- und Skorpionbiß, unverdünnt einen Tropfen täglich bei Warzen.

Tip: Vorsichtig bei empfindlicher Haut, Teebaum nicht zu stark dosieren. Die Essenz kann leicht reizend wirken.

Der Teebaum (Tea Tree) ist nicht mit dem Teestrauch Camelia sinensis zu verwechseln, von dem die Blätter für den Schwarztee gewonnen werden! Seine Anwendung und Erforschung ist in der Aromatherapie noch recht jung.

Terpentin (Meerkiefer)

Botanischer Name: Pinus pineaster.
Pflanzenfamilie: Kieferngewächse.

Aussehen: immergrüner Baum mit nadelförmigen Blättern, rostiggrauer bis purpurfarbener Borke und lockerer Krone. Die riesigen Zapfen sind länglich-zylindrisch geformt.
Vorkommen: Mittelmeerraum, Südwestfrankreich, Portugal, Südafrika.
Geruch: harzig, frisch.
Verwendete Pflanzenteile: Harz.

Gewinnung: Alkoholauszug.

Heilwirkung
Physisch: antiseptisch, schleimlösend.

Indikation
Physisch: bei chronischer Bronchitis, Husten, Blasen- und Harnröhrenentzündung, Rheuma, Gicht, Ekzemen.

Mischungsvorschläge: mit Bergamotte, Eukalyptus, Kampfer, Rosenholz, Thymian.

Anwendung: als Massageöl bei Rheuma und Gicht, als Heilöl bei Ekzemen, als Inhalation bei Husten und Bronchitis, als Sitzbad bei Blasenentzündung.

Tip: Terpentinessenz soll niedrig dosiert werden, da sie eine leicht nierenreizende Wirkung aufweisen kann.

Thymian

Botanischer Name: Thymus vulgaris.
Pflanzenfamilie: Lippenblütler.

Aussehen: 30–40 cm hoher Halbstrauch mit stark verästelten Zweigen, die leicht verholzen. Die Blätter sind filzig behaart. Die lachsrosa bis lilafarbenen Zwitterblüten bilden Scheinquirle.
Vorkommen: Südeuropa.
Geruch: intensiv aromatisch, kräuterartig.
Verwendete Pflanzenteile: Blätter und Blüten.

Gewinnung: Wasserdampfdestillation.

Heilwirkung
Physisch: anregend, keimtötend, magenstärkend, appetitanregend, krampflösend, blutdrucksteigend, wurmtreibend, auswurffördernd, mentruationsfördernd.
Psychisch: konzentrationsfördernd, aufbauend, nervenstärkend, Mut und Willen stärkend.

Indikation
Physisch: bei Erkältungskrankheiten, Grippe, Keuchhusten, Kreislaufstörungen, Magen- und Darminfektion, Rheuma, Schwächezuständen, Nervenschmerzen, Müdigkeit, Abwehrschwäche.
Psychisch: bei geistiger Schwäche, Konzentrationsmangel, mangelnder Willenskraft.

Mischungsvorschläge: mit Lavendel, Tea Tree.

Anwendung: in der Duftlampe bei Erkältungskrankheiten, als Duschzusatz bei Kreislaufstörungen, als Bad- und Massageöl bei Rheuma und Nervenschmerzen, in der Aromalampe bei Konzentrationsschwäche, als Kompresse bei infizierten Wunden, pur auf Pickel und Insektenstiche.

Tip: Thymian soll vorsichtig dosiert werden. Bei Epilepsie, Schilddrüsenüberfunktion und in der Schwangerschaft ist ganz darauf zu verzichten.

Tonka

Botanischer Name: Dipteryx odorata.
Pflanzenfamilie: Schmetterlingsblütler.

Aussehen: Krautige Pflanze mit zweiseitig-symmetrischen Blüten und hülsenförmigen Früchten.
Vorkommen: USA.
Geruch: zart, süß, karamellartig.
Verwendete Pflanzenteile: Bohne.

Gewinnung: Extraktion mit Benzol oder Aceton.

Heilwirkung
Physisch: entspannend, krampflösend.
Psychisch: sinnlich erheiternd, ausgleichend, euphorisierend, antidepressiv.

Indikation
Physisch: bei prämenstruellem Syndrom, Nervosität.
Psychisch: bei Niedergeschlagenheit, Unruhe.

Mischungsvorschläge: mit Ylang Ylang, Jasmin, Rose, Lavendel, Neroli, Vanille, Pampelmuse.

Anwendung: als Bad bei prämenstruellem Syndrom, als Massageöl bei Nervosität, Parfum zum Verwöhnen, in der Duftlampe bei Depression.

Tip: Tonka aufgrund der Gefahr von Lösungsmittelrückständen nicht innerlich einnehmen.

Tuberose

Botanischer Name: Polianthes tuberosa.
Pflanzenfamilie: Amaryllisgewächse.

Aussehen: Zwiebelpflanze mit bandförmigen Blättern und weißen Blüten an bis zu einem Meter hohen Stengel.
Vorkommen: Mexiko (Heimat).
Geruch: süß, blumig, sinnenschwer.
Verwendete Pflanzenteile: Blüten.

Gewinnung: Extraktion, Enfleurage.

Heilwirkung
Physisch: stimulierend.
Psychisch: persönlichkeitsstärkend.

Indikation
Physisch: zur Hautpflege.
Psychisch: in kräftezehrenden Situationen.

Mischungsvorschläge: mit Vetiver, Jasmin, Tonka.

Anwendung: in der Duftlampe zur Wohnraumaromatisierung, in Körperöl und -creme zur Hautpflege, im Parfum als sinnliche Duftnote.

Tip: Mit Tuberose geht man am besten wie mit einem Luxusartikel um, sie zählt zu den kostspieligsten Essenzen!

Vanille

Botanischer Name: Vanilla planifolia.
Pflanzenfamilie: Orchideengewächse.

Aussehen: starkwüchsige Kletterpflanze mit fleischigen Sprossen und elliptischen, dickfleischigen Blättern. Die unscheinbaren, grünlichweißen Blüten bilden kurze Trauben.
Vorkommen: Mexiko, Mittelamerika, Madagaskar, Komoren, Réunion, Indonesien, Uganda.
Geruch: süß, balsamisch.
Verwendete Pflanzenteile: Schoten.

Gewinnung: Extraktion mit Lösungsmittel.

Heilwirkung
Physisch: beruhigend, menstruationsfördernd.
Psychisch: besänftigend, ausgleichend.

Indikation
Physisch: bei zu schwacher Menstruation.
Psychisch: bei Frustration, Streß, Ärger.

Mischungsvorschläge: mit Bergamotte, Tonka.

Anwendung: als Bad, in der Duftlampe, als Massageöl einfach zum Verwöhnen.

Tip: Süßspeisen mit Vanilleessenz aromatisieren.

Vetiver

Botanischer Name: Vetiveria zizanoides.
Pflanzenfamilie: Süßgräser.

Aussehen: bis 1,80 Meter hohes Gras mit verdickten, welligen Wurzeln.
Vorkommen: Indien, Indonesien, Réunion, Haiti, Brasilien.
Geruch: erdig, süß, tief, modrig, rauchig, holzig.
Verwendete Pflanzenteile: Wurzeln.

Gewinnung: Wasserdampfdestillation.

Heilwirkung
Physisch: antiseptisch, verdauungsfördernd, nervenstärkend, östrogen, aufbauend.
Psychisch: erdend, erotisierend, regenerierend, ausgleichend, entspannend, stärkend.

Indikation
Physisch: bei nervösen Spannungen, Wunden, Blasenbeschwerden, Menstruationsstörungen, Durchblutungsstörungen, Durchfall, Haarausfall, bei trokkener, spröder Haut.
Psychisch: bei Magersucht, Nervosität, Streß, Wochenbettdepression, im Klimakterium, bei mangelnder Standfestigkeit und Ich-Stärke.

Mischungsvorschläge: mit Sandelholz, Ylang Ylang, Tonka, Geranie, Orange, Jasmin, Neroli.

Anwendung: als Bad- und Massageöl bei Magersucht, als Sitzbad bei Menstruationsstörungen, als Körperöl bei Durchblutungsstörungen und bei trockener Haut, in der Duftlampe bei Streß, als Kompresse bei brandigen Wunden.

Tip: Hilft auch gegen Motten im Kleiderschrank!

Wacholder

Botanischer Name: Juniperus communis.
Pflanzenfamilie: Zypressengewächse.

Aussehen: kleiner Baum mit nadelartigen Blättern und blauen Beeren, die nach zwei Jahren schwarz werden.
Vorkommen: Europa, Nordamerika.
Geruch: kräftig, fruchtig, leicht rauchig, terpentinähnlich.
Verwendete Pflanzenteile: getrocknete, reife Beeren.

Gewinnung: Wasserdampfdestillation.

Heilwirkung
Physisch: stimulierend, appetitanregend, magenstärkend, antiseptisch, entgiftend, diuretisch, blutreinigend, menstruationsfördernd, schlaffördernd, adstringierend.
Psychisch: kräftigend, stärkend, reinigend.

Indikation
Physisch: bei Erkältungen, Blasenentzündung, Harnsteinen, Harnverhaltung, Hämorrhoiden, Akne, schwacher Menstruation, Rekonvaleszenz, Rheuma, Gicht, Muskelschmerz, Cellulitis, Ekzemen, Dermatitis.

Psychisch: bei intensiver, erschöpfender Arbeit mit anderen Menschen, Energielosigkeit, Angst, in Krisensituationen.

Mischungsvorschlag: mit Bergamotte.

Anwendung: in der Aromalampe bei erhöhter Infektionsgefahr, als Sitzbad bei ausbleibender Regel, als Massageöl bei Rheuma, Gicht und Cellulitis, als Heilöl bei Ekzemen und Akne, als Bad bei Schwächezuständen.

Tip: Geben Sie zu Desinfektionszwecken immer ein paar Tropfen Wacholderessenz in das Waschwasser.

Wiesenkönigin

Botanischer Name: Spirea ulmaria.
Pflanzenfamilie: Rosengewächse.

Aussehen: 1–1,5 Meter hohes Dauerkraut mit gefiederten Blättern und cremeweißen, vielstrahligen Trugdolden.
Vorkommen: Europa.
Geruch: frisch, ziemlich kräftig.
Verwendete Pflanzenteile: blühende Pflanze, Wurzeln.

Gewinnung: Wasserdampfdestillation.

Heilwirkung
Physisch: harntreibend, blutreinigend, entzündungswidrig, gefäßerweiternd, herzstärkend.

Indikation
Physisch: bei Nierensteinen, Rheuma, Gicht, Arteriosklerose, Ödemen, Muskelverhärtungen, Cellulitis.

Mischungsvorschläge: mit Zitrone, Zypresse, Zeder.

Anwendung: als Massageöl und Bad bei Rheuma, Gicht und Muskelverhärtung, als Körperöl bei Cellulitis.

Tip: Das ätherische Öl wird meist zusammen mit Rosmarin abdestilliert.

Ylang Ylang

Botanischer Name: Cananga odorata.
Pflanzenfamilie: Balsambaumgewächse.

Aussehen: bis 20 Meter hoher tropischer Baum mit hängenden Ästen und großen, gelblichweißen Blüten.
Vorkommen: Indonesien, Philippinen, Burma, Komoren, Madagaskar, Réunion, Sansibar, Haiti, Java, Sumatra.
Geruch: schwer, exotisch-blumig, süß, erotisch.
Verwendete Pflanzenteile: Blüten.

Gewinnung: Wasserdampfdestillation.

Heilwirkung
Physisch: blutdrucksenkend, antiseptisch, aphrodisierend, hautpflegend.
Psychisch: entkrampfend, euphorisierend, aphrodisierend.

Indikation
Physisch: bei Impotenz, Frigidität, Darminfektion, Nervosität, Bluthochdruck, Herzjagen, prämenstruellem Syndrom, erhöhter Atemfrequenz.
Psychisch: bei Schock, Angst, Erregung, nervöser Depression, Gefühlskälte.

Mischungsvorschläge: mit Zitrone, Bergamotte, Jasmin, Rose, Sandelholz.

Anwendung: in der Aromalampe bei Nervosität, als Bad und Massageöl bei Impotenz und Frigidität sowie bei prämenstruellem Syndrom, als Nackenmassage bei chronischem Kopfschmerz, als Shampoo zur Haarpflege, als Gesichtsöl oder -creme bei fettiger Haut.

Tip: Ylang Ylang sollte aufgrund seiner schweren Duftnote eher schwach dosiert und auch nicht zu lange gebraucht werden.

Ysop

Botanischer Name: Hyssopus officinalis.
Pflanzenfamilie: Lippenblütler.

Aussehen: bis zu 60 cm hoch wachsender Halbstrauch, der malvenfarbige, weiße oder rosa Blüten besitzt.
Vorkommen: Mitteleuropa/Mittelmeergebiet.
Geruch: frisch, würzig-aromatisch, warm.
Verwendete Pflanzenteile: ganze Pflanze.

Gewinnung: Wasserdampfdestillation.

Heilwirkung
Physisch: antiseptisch, magenstärkend, verdauungsfördernd, auswurffördernd, beruhigend, blutdruckregulierend, herzstärkend, menstruationsfördernd.
Psychisch: klärend, reinigend, konzentrierend.

Indikation
Physisch: bei Husten, Bronchitis, Rekonvaleszenz, Halsentzündung, Appetitlosigkeit, Rheuma, blauen Flecken.
Psychisch: bei starken Gefühlsschwankungen, Verwirrung, für Sammlung und Meditation.

Mischungsvorschläge: mit Salbei, Thymian, Lavendel.

Anwendung: in der Aromalampe und als Inhalation bei Husten und Bronchitis, als heiße Kompresse bei Rheuma, als kalte Kompresse bei blauen Flecken, in der Aromalampe zur Meditation.

Tip: Ysop nicht bei Anlage zu Epilepsie, auch nicht in der Schwangerschaft anwenden!

Zeder

Botanischer Name: Cedrus atlantica (Atlaszeder), Cedrus libani (Libanonzeder).
Pflanzenfamilie: Kieferngewächse.

Aussehen: immergrüner Nadelbaum mit ausladenden Ästen und stehenden Zapfen.
Vorkommen: Marokko, Algerien.

Geruch: holzig, balsamisch, warm.
Verwendete Pflanzenteile: Holz.

Gewinnung: Wasserdampfdestillation.

Heilwirkung
Physisch: antiseptisch, schleimlösend, beruhigend, stärkend, harntreibend.
Psychisch: wärmend, tröstend, lindernd.

Indikation
Physisch: bei Erkrankungen der Atemwege, der Harnwege, bei unreiner Haut, Haarausfall, Schuppen, fettigem Haar.
Psychisch: bei Unruhe, Entwurzelung, Angst, Aggression.

Mischungsvorschläge: mit Rose, Neroli, Wacholder.

Anwendung: in der Aromalampe bei Husten und Bronchitis, als Sitzbad bei Blasenentzündung, als Heilöl bei Akne, als Shampoo oder Haarwasser bei Haarausfall, Schuppen und fettigem Haar.

Tip: Zederessenz in der Aromalampe läßt Insekten das Weite suchen.

Die Zeder ist ein Hochgebirgsbaum und wächst in Regionen bis 1800 Meter Höhe. Sie kann ein Alter von 200 Jahren erreichen und 30 Meter hoch werden. Von alters her ist die Zeder ein Symbol für Würde und Souveränität.

Zimt

Botanischer Name: Cinnamomum ceylanicum.
Pflanzenfamilie: Lorbeergewächse.

Aussehen: immergrüner, bis zu zwölf Meter hoher Baum mit rötlicher Rinde, ledrigen, glänzenden Blättern und unscheinbaren, blaßgelben Blütenrispen.
Vorkommen: Sri Lanka (Heimat), Tropen.
Geruch: warm, würzig, intensiv, süß.
Verwendete Pflanzenteile: Rinde oder Blätter und Zweige.

Gewinnung: Wasserdampfdestillation.

Heilwirkung
Physisch: durchblutungsfördernd, herzstärkend, antiseptisch, krampflösend, adstringierend.
Psychisch: entspannend, lösend, wärmend, kreativitätsfördernd, sinnlich.

Indikation
Physisch: bei Grippe, Schüttelfrost, Gliederschmerzen, Schwächezuständen, Magen- und Darmkrämpfen, Blähungen, Muskelverspannung.
Psychisch: bei Angst, Gefühlskälte, Isolation.

Mischungsvorschläge: mit Ylang Ylang, Sandelholz, Tonka.

Anwendung: als Bad bei Erkältung und Gliederschmerzen, als Massageöl bei Muskelverhärtung, als Bauchkompresse bei Blähungen sowie Magen- und Darmkrämpfen, in der Aromalampe bei Angst und Anspannung.

Tip: Das aus der Rinde des Zimtbaums gewonnene Öl unterscheidet sich qualitativ vom Blattöl. Letzteres eignet sich vor allem zur äußerlichen Anwendung.

Zirbelkiefer

Botanischer Name: Pinus cembra.
Pflanzenfamilie: Kieferngewächse.

Aussehen: im Alter bis zu 20 Meter hoher, dichtbenadelter Baum mit silbergrauer Rinde, die sich später graubraun verfärbt. Die blaugrünen Nadeln sind bis zu 8 cm lang.
Vorkommen: Alpen, Karpaten.
Geruch: würzig, balsamisch, harzig.
Verwendete Pflanzenteile: Zweige.

Gewinnung: Wasserdampfdestillation.

Heilwirkung
Physisch: schleimlösend, antiseptisch, durchblutungsfördernd.
Psychisch: reinigend, stärkend.

Indikation
Physisch: bei Grippe, Erkältung, Raucherhusten, Lungenentzündung, Rheuma, Muskelverhärtung, Akne, Rekonvaleszenz, Haarausfall.
Psychisch: bei Mutlosigkeit, Energiemangel, geringem Selbstbewußtsein, Angst.

Mischungsvorschläge: mit Myrte, Zitrone, Eukalyptus, Wacholder, Minze.

Anwendung: in der Aromalampe zur Raumdesinfektion, als Badezusatz bei Energielosigkeit, in der Duftlampe und als Inhalation bei Erkrankungen der Atemwege, als Massageöl bei Rheuma und Neuralgien.

Tip: Ehemaligen Rauchern hilft Zirbelkieferessenz bei der Entgiftung der Bronchien. Im Kleider- oder Vorratsschrank hält der Duft der Essenz Schadinsekten fern.

Zitrone

Botanischer Name: Citrus limon.
Pflanzenfamilie: Rautengewächse.

Aussehen: kleiner, immergrüner Baum mit gedrungenen, steifen Dornen, hellgrünen Blättern und kleinen, weißen, sternförmigen Blüten. Die Früchte hängen gleichzeitig in verschiedenen Reifestadien am Baum.
Vorkommen: Südeuropa, Kalifornien.
Geruch: frisch, hell, klar.
Verwendete Pflanzenteile: Fruchtschalen.

Gewinnung: Kaltpressung.

Heilwirkung
Physisch: bakterizid, blutdrucksenkend, fiebersenkend, blutreinigend, herzstärkend, weiße Blutkörperchen stimulierend, blutstillend, entschlackend, säureneutralisierend.
Psychisch: konzentrationsfördernd, erfrischend, aufheiternd.

Indikation
Physisch: bei Appetitlosigkeit, Halsschmerzen, Infektionskrankheiten, Blutarmut, Rheuma, Gicht, Arthritis, Krampfadern, Fieber, Hautausschlag, Magenübersäuerung, blutenden Wunden, Insektenstichen, niedrigem Blutdruck, Zahnfleischbluten, Warzen, Hornhaut, fettiger Haut.
Psychisch: bei Konzentrationsmangel, Gedächtnisschwäche, Depression.

Mischungsvorschläge: mit Orange, Grapefruit, Lavendel, Zeder, Wacholder.

Anwendung: in der Aromalampe bei Konzentrationsschwäche, im Arbeitszimmer und zur Raumdesinfektion, zum Gurgeln bei Halsentzündung und Zahnfleischbluten (zwei Tropfen auf eine halbe Tasse Wasser), als Wadenwickel oder Stirnkompresse bei Fieber, als Heilöl bei Krampfadern, als Kompresse auf Wunden, als Heilöl bei Insektenstichen, unverdünnt auf Warzen.

Tip: Als Sonnenschutzöl fördert Zitronenessenz die natürliche Bräunung, als Gesichtsöl hilft sie Sommersprossen zu bleichen. Zitronenessenz soll vorsichtig dosiert werden, da sie leicht hautreizend wirken kann.

Zitronenduft wird häufig mit Reinlichkeit und Frische assoziiert, was sich die Reinigungsmittelhersteller zunutze machen! Sie setzen jedoch häufig synthetisches Citral zu. Citral ist der Hauptduftstoff der Zitrone.

Zypresse

Botanischer Name: Cupressus sempervirens.
Pflanzenfamilie: Zypressengewächse.

Aussehen: immergrüner, sehr schlanker, über zehn Meter hoch wachsender Baum mit am Stamm anliegenden Zweigen.
Vorkommen: Mittelmeerraum, Kleinasien.
Geruch: trocken, rauchig, würzig, warm, terpentinähnlich.
Verwendete Pflanzenteile: Blätter und Zweige.

Gewinnung: Wasserdampfdestillation.

Heilwirkung
Physisch: adstringierend, krampflösend, schweißhemmend, gefäßverengend, harntreibend, venenstärkend, schleimlösend, antiseptisch, weiblichen Hormonhaushalt regulierend, nervenstärkend.
Psychisch: strukturierend.

Indikation
Physisch: bei Husten, Heiserkeit, Hämorrhoiden, Krampfadern, Durchfall, Rheuma, Menstruationsbeschwerden (zu starke Blutung), im Klimakterium, bei Ödemen, Fußschweiß, Akne.
Psychisch: bei Zerstreutheit, Verschwommenheit, Konzentrationsmangel.

Mischungsvorschläge: mit Zitrone, Bergamotte, Wacholder.

Anwendung: in der Aromalampe bei Husten, als Massageöl bei schwachem Bindegewebe, als Sitzbad bei zu starker Menstruation und Hämorrhoiden, als Heilöl bei Krampfadern, als Fußbad bei Fußschweiß, als Körperöl bei Akne.

Tip: Mit Zypressenessenz vertreibt man Insekten.

Heilen mit ätherischen Ölen

Äderchen, geplatzte

Ätherische Öle: Palmarosa, Rose, Ringelblume, Karotte, Kamille, Petersilie, Zypresse

Anwendung: 3 Tropfen Palmarosa mit etwas Weizenkeim- und Mandelöl mischen. Vor dem Schlafengehen auf die betroffenen Stellen auftragen und einwirken lassen.

Tip: Die Haut vor starker Sonnenbestrahlung und eisigem Wind schützen. Das Gesicht nicht heiß waschen. Gesichtsdampfbäder und Saunabesuche meiden.

Akne

Ätherische Öle: Lavendel, Myrrhe, Myrte, Neroli, Palmarosa, Patschuli, Petit Grain, Pfefferminze, Ringelblume, Teebaum, Thymian, Wacholder.

Anwendung: 25 ml Sojaöl mit 25 ml Mandelöl, 5 Tropfen Weizenkeimöl und 10 Tropfen ätherisches Öl mischen. Betroffene Stellen zweimal damit behandeln. Das Öl gut einziehen lassen. Ab und zu ein Gesichtsdampfbad mit je 1 Tropfen Lavendel, Kamille und Petit Grain oder 2 Tropfen Lavendel und Teebaumöl machen.

Tip: Reichlich Kräutertee trinken, besonders gut für die Haut sind Kamille, Rosenblätter und Orangenblüten. Auf fettes Fleisch, Süßigkeiten und scharfe Gewürze verzichten, ph-neutrale Seifen verwenden, Aknehaut ist sehr empfindlich!

Alopezie (Haarausfall)

Ätherische Öle: Piment, Meerrettich, Muskatellersalbei, Kamille, Estragon

Anwendung: 40 ml Traubenkernöl mit 10 ml Sojaöl, 3 Tropfen Weizenkeimöl und 15 Tropfen Meerrettichöl gründlich mischen. Das Öl sanft in die Kopfhaut einmassieren, dann ein paar Stunden einwirken lassen, schließlich mit einem Shampoo auswaschen. Die Mischung 1–2mal in der Woche anwenden.

Tip: Täglich Haaransatz und Kopfhaut mit der Essenz einreiben. Eine sanfte Massage stimuliert die Haarfollikel.

Amenorrhoe (Ausbleiben der Regelblutung)

Ätherische Öle: Kamille, Salbei, Muskatellersalbei, Petersilie, Zypresse

Anwendung: 20 ml Sojaöl mit 3 Tropfen Weizenkeimöl und je 4 Tropfen Muskatellersalbei und Kamillenöl mischen. Sanft in den Bauch einmassieren, öfters wiederholen.

Tip: Reichlich Petersilie, roh oder als Kräutertee, zu sich nehmen. Häufig Salbei- und Kamillentee trinken.

Anämie (Blutarmut)

Ätherische Öle: Melisse, Lavendel

Anwendung: 50 ml Sojaöl mit 3 Tropfen Weizenkeimöl und 3 Tropfen Lavendel- oder Melissenöl mischen. Täglich Einreibungen damit vornehmen.

Tip: Auf Eisen- und Vitamin-B-reiche Kost achten. Karotten und Thymian fördern die Eisenresorption, ebenso Vitamin-C-reiche Nahrungsmittel.

Angina (Mandelentzündung)

Ätherische Öle: Bohnenkraut, Zitrone, Origanum

Anwendung: 1 Tropfen Zitronenöl mit 1 TL Honig mischen, 3–5mal täglich einnehmen.

Tip: Zitronenöl stärkt das Immunsystem und aktiviert die Bildung weißer Blutkörperchen. Es wirkt antiseptisch und bakterientötend. Zitronenöl hat deshalb auch vorbeugende Wirkung.

Angstzustände, Ängstlichkeit

Ätherische Öle: Basilikum, Majoran, Lavendel, Angelika, Zeder, Rosenholz, Petit Grain, Ylang Ylang

Anwendung: in der Aromalampe oder im Zerstäuber verdunsten. Bei akuter Angst (z. B. Prüfungsangst) oder Schock 1–2 Tropfen Angelika, Basilikum oder Lavendel aufs Taschentuch tropfen und einatmen.

Tip: Wenn keine Aromalampe zur Verfügung steht, z.B. im Krankenhaus, wenige Tropfen ätherischen Öls auf die Innenflächen der Hände geben und am Kopfkissen verstreichen.

Anosmie (Verlust des Geruchssinnes)

Ätherische Öle: Kamille, Rosmarin

Anwendung: in einer Schüssel etwas Meersalz mit heißem Wasser auflösen. 1 Tropfen Kamillen- oder Rosmarinöl hinzufügen. Mit einem Handtuch über dem Kopf inhalieren. Mehrmals wöchentlich wiederholen. 10 ml Traubenkernöl mit 3 Tropfen Weizenkeimöl und 1 Tropfen Kamillenöl mischen. In den Nasenrücken einmassieren.

Tip: Auf ausreichend Luftfeuchtigkeit achten. Spaziergänge im Regen unternehmen. Luftbefeuchter einsetzen.

Aphten (Mundschleimhautgeschwüre)

Ätherische Öle: Teebaum, Rose, Bohnenkraut, Muskatellersalbei, Majoran, Nelke, Pfefferminze

Anwendung: Teebaumöl öfter mit etwas Watte pur auftragen. 1 EL Meersalz in 600 ml abgekochtem Wasser auflösen, 2 Tropfen Teebaumöl hinzufügen oder 1 Tropfen Rose oder Muskatellersalbei in ein Glas Wasser geben. Öfter damit gurgeln.

Tip: Saure und scharfe Nahrungsmittel, Kaffee, Alkohol und Zigaretten meiden.

Appetitlosigkeit

Ätherische Öle: Rose, Kamille, Kardamom, Nelke, Fenchel, Ingwer, Koriander, Anis, Pfefferminze

Anwendung: 1 TL Weizenkeimöl mit 2 Tropfen Rosenöl mischen. Den Solarplexus (= strahlenförmig verzweigtes Nervengeflecht oberhalb des Bauchnabels) vor den Mahlzeiten damit sanft massieren. Ätherische Öle in der Küche als Gewürz verwenden.

Tip: Vor dem Essen Kräutertee aus Pfefferminze, Fenchel, Anis oder Wermut trinken.

Atemwegserkrankungen

Ätherische Öle: Eukalyptus, Cajeput, Niaouli, Rose, Rosmarin, Teebaum, Weihrauch, Waldkiefer

Anwendung: im Zerstäuber

Tip: Siehe auch Asthma, Bronchitis, Husten, Erkältung, Kehlkopfentzündung, Lungenentzündung!

Aufwachen, nächtliches

Ätherische Öle: Lavendel, Lindenblüten, Neroli

Anwendung: ein paar Tropfen auf ein Tuch geben, aufs Kopfkissen legen.

Tip: Eine Wärmflasche auf den Bauch legen.

Augen, entzündete

Ätherisches Öl: Fenchel

Anwendung: Eine Kompresse in einen Fenchelaufguß tauchen und auflegen.

Augen, juckende

Ätherische Öle: Kamille, Ringelblume

Anwendung: Eine Kompresse in einen Kamille- oder Ringelblumenaufguß tauchen und auflegen.

Bauchschmerzen

Ätherische Öle: Kamille, Ringelblume, Basilikum, Fenchel, Koriander, Muskatnuß, Zimt

Anwendung: In eine Schüssel mit heißem Wasser 1 Tropfen Kamillenöl geben; mit einem Handtuch über dem Kopf inhalieren. 5 ml Sojaöl mit 1 Tropfen Kamillenöl mischen. Den Bauch damit massieren.

Tip: Warmen Kräutertee trinken, z. B. Kamille oder Fenchel. Mit leicht angewinkelten Beinen und einer Wärmflasche auf dem Bauch einige Zeit liegenbleiben.

Beine, geschwollene

Ätherische Öle: Zypresse, Lavendel, Teebaum

Anwendung: 5 Tropfen Zypressen- oder Lavendelöl und einen Schuß Apfelessig mit 1 l lauwarmem Wasser mischen. 2mal täglich damit einen Wickel um Beine oder Unterschenkel machen.

Tip: Die Beine häufig hochlegen und dabei entspannen.

Blähungen

Ätherische Öle: Pfefferminze, Lavendel, Muskatellersalbei, Estragon, Fenchel, Koriander, Kreuzkümmel

Anwendung: 5 Tropfen Muskatellersalbei mit 3 Tropfen Estragon, 4 Tropfen Lavendel und 50 ml Sojaöl mischen und den Bauch im Uhrzeigersinn leicht damit massieren. 5 Tropfen Musaktellersalbei, 3 Tropfen Estragon, 4 Tropfen Lavendelöl und 2 Tropfen Bergamotte mit 250 ml süßer Sahne mischen. Ein Vollbad damit nehmen.

Tip: Öfter Pfefferminz- oder Fencheltee lauwarm trinken.

Blasen

Ätherische Öle: Benzoe, Eukalyptus, Lavendel, Patschuli, Muskatellersalbei

Anwendung: Lavendelöl mit Watte auftragen, mit einer feuchten Kompresse aus Musselin abdecken.

Tip: Aufgeplatzte Blasen sauber halten. Abgekochtes Wasser mit Meersalz und 1 Tropfen Eukalyptus-, Geranien- oder Teebaumöl verwenden.

Blasenentzündung

Ätherische Öle: Bergamotte, Cistrose, Eukalyptus, Myrte, Orange, Sandelholz, Schafgarbe, Zeder, Meerkiefer, Cajeput, Kamille, Wacholder, Niaouli, Petersilie, Lavendel

Anwendung: Sitzbäder mit Lavendelöl. Nach dem Urinieren einen mit Lavendelwasser getränkten Wattetupfer an den Blasenausgang drücken. 20 ml Sojaöl mit 5 Tropfen Waldkieferöl mischen und in Bauch-, Lenden- und Kreuzbeinbereich einreiben.

Tip: Viel trinken, am besten entwässernde Kräutertees, z. B. Schachtelhalmtee. Sich warm halten!

Blutdruck, hoher

Ätherische Öle: Ysop, Zitrone, Lavendel, Ylang Ylang, Rose, Zeder, Muskatellersalbei

Anwendung: 2 Tropfen Rosenöl, 6 Tropfen Lavendelöl, 5 Tropfen Zedernöl und 2 Tropfen Muskatellersalbei mit 100 ml Sojaöl oder süßem Mandelöl gründlich mischen. Zur Entspannung regelmäßig morgens und abends den ganzen Körper damit massieren.

Blutdruck, niedriger

Ätherische Öle: Rosmarin, Limette

Anwendung: 2 Tropfen Rosmarinöl auf 1 l kaltes Wasser geben. Morgens zur Gesichtswäsche verwenden. 10 Tropfen Rosmarinöl und 5 Tropfen Limettenöl mit 100 ml Neutralseife mischen. Als Duschshampoo verwenden. Morgendliche Wechselduschen vornehmen.

Tip: Viel Bewegung an frischer Luft ist das beste Mittel zur Kreislaufstabilisierung!

Bluterguß

Ätherische Öle: Lavendel, Spik, Ringelblume, Zypresse, Geranie, Majoran, Pfefferminze, Petersilie

Anwendung: 10 ml süßes Mandelöl mit 5 Tropfen ätherischem Öl mischen, sanft auftragen, dabei nicht massieren.

Tip: Bei starker Schwellung helfen kalte Kompressen.

Brechreiz

Ätherische Öle: Rosmarin, Estragon, Minze

Anwendung: 1 Tropfen ätherisches Öl mit 1 TL Honig oder 1 Glas lauwarmem Wasser einnehmen.

Tip: Das Wasser schlückchenweise langsam trinken und zwischendurch tief durchatmen.

Bronchitis

Ätherische Öle: Ysop, Niaouli, Cajeput, Zeder, Eukalyptus, Origanum, Teebaum, Lavendel, Myrte, Rosmarin, Zitrone, Pfeffer, Waldkiefer

Anwendung: In den Luftbefeuchter ein paar Tropfen ätherisches Öl geben (Eukalyptus und Origanum im Verhältnis 3:1 oder Teebaum und Lavendel im Verhältnis 3:1). Heiße Umschläge machen. Danach mit folgender Mischung Brust und Rücken einreiben: 15 ml Sojaöl, 3 Tropfen Weizenkeimöl, 5 Tropfen Eukalyptus und 2 Tropfen Origanum. 9 Tropfen Zitrone, 5 Tropfen Rosmarin und 3 Tropfen Myrthe mischen. 5 Tropfen der Mischung in die Duftlampe geben.

Tip: Nicht rauchen! Für ausreichende Luftfeuchtigkeit sorgen. Reichlich Kräutertee trinken, z. B. Pfefferminze oder Rosmarin. Auf Vitamin-C-reiche Kost achten.

Depressionen

Ätherische Öle: Angelika, Geranie, Jasmin, Rose, Grapefruit, Zitrone, Neroli, Basilikum, Majoran, Melisse, Thymian, Verbena, Rosmarin, Salbei, Muskatellersalbei

Anwendung: Duftlampe, Zerstäuber. 10 ml Traubenkernöl mit einigen Tropfen Basilikum, Neroli oder Thymian mischen. Solarplexus und Handrücken sanft damit massieren. 2 Tropfen Rosenholz, 3 Tropfen Basilikum, 2 Tropfen Muskatellersalbei und 2 Tropfen Zitrone gründlich mit 150 ml süßer Sahne mischen. In ein warmes Vollbad geben.

Tip: Als schnell wirkende Hilfe 2 Tropfen Angelikaessenz in ein Taschentuch oder auf die Hand geben und einatmen.

Durchfall

Ätherische Öle: Thymian, Origanum, Kamille, Majoran

Anwendung: Man taucht ein Handtuch in heißes Wasser, das eines der Öle enthält, und legt dann das ausgewundene Tuch so heiß wie möglich auf den Bauch.

Tip: Reichlich Flüssigkeit zu sich nehmen, da der Wasserverlust hoch sein kann. Den ganzen Körper warmhalten. Eine Wärmflasche auf den Bauch legen.

Erfrierungen

Ätherische Öle: Waldkiefer, Zypresse, Tolu, Lavendel, Spik, Ringelblume, Kamille

Anwendung: Lavendelöl pur auftragen. Ein paar Tropfen Waldkiefer mit Sojaöl mischen, kalte Füße damit einreiben. 10 ml süßes Mandelöl mit 2 Tropfen Tolu und 2 Tropfen Kamille mischen. 3mal täglich auftragen.

Erkältung

Ätherische Öle: Zimt, Nelke, Eukalyptus, Niaouli, Waldkiefer, Teebaum, Geranie, Thymian, Cajeput, Basilikum, Angelika, Kamille, Lavendel, Pfefferminze, Zeder, Zitrone.

Anwendung: 9 Tropfen Zitrone, 6 Tropfen Lavendel und 1 Tropfen Thymianöl in die Duftlampe ge-ben. 5 Tropfen Angelika, 2 Tropfen Zitrone, 2 Tropfen Lemongrass und 1 Tropfen Muskatellersalbei mit 150 ml süßer Sahne gemischt in ein Vollbad geben (gutes Vorbeugemittel gegen Erkältung). Je 1 Tropfen Eukalyptus, Nelke, Niaouli und Waldkiefer mit 50 ml süßem Mandelöl gründlich mischen, Nasen- und Brustbereich damit einreiben. Mit Cajeput-, Eukalyptus- oder Waldkieferessenz inhalieren.

Tip: Reichlich heißen Kräutertee, z. B. Thymian, mit Zitronensaft und Honig trinken.

Ermüdung, Erschöpfung

Ätherische Öle: Rosmarin, Ingwer, Wacholder, Pfefferminze, Basilikum, Lavendel, Neroli, Petit Grain, Zitrone, Orange, Kamille, Zypresse, Geranie, Muskatellersalbei

Anwendung: 3 Tropfen Rosmarin mit 3 Tropfen Ingwer, 2 Tropfen Wacholder, 1 Tropfen Pfefferminze und 150 ml süßer Sahne mischen, in ein Vollbad geben (wirkt revitalisierend). 10 ml Sojaöl mit 3 Tropfen Weizenkeimöl und 3 Tropfen Basilikum, Lavendel oder Petit Grain mischen. In Schläfen, Hals und Brust einmassieren. 10 ml Sojaöl mit 3 Tropfen Weizenkeimöl, 3 Tropfen Zitrone, Orange oder Neroli mischen. Schläfen, Hals und Brust damit einreiben (hilft bei emotionaler Erschöpfung).

Tip: Auf eine ausgewogene Ernährung, ausreichend Schlaf, Bewegung an frischer Luft und Entspannung achten.

Erregung

Ätherische Öle: Lavendel, Majoran, Neroli, Orange, Petit Grain, Kamille, Basilikum, Eisenkraut

Anwendung: Zerstäuber, Aromalampe. Vollbad mit 10 Tropfen Lavendelöl. Vollbad mit 3 Tropfen Kamille- und 3 Tropfen Lavendelöl. Einnahme von je 1 Tropfen Lavendel, Majoran und Basilikum auf 1 Löffel Honig (für guten Schlaf: um 17 Uhr, um 20 Uhr und vor dem Schlafengehen). Einreiben von Solarplexus, Nacken und Wirbelsäule mit einer

Mischung aus 10 Tropfen Basilikum oder Kamille und etwas Olivenöl.

Finger- und Fußnagelschwäche

Ätherisches Öl: Zitrone

Anwendung: 10 Tropfen ätherisches Öl mit 1 TL Weizenöl mischen. Nägel damit regelmäßig einmassieren.

Tip: Regelmäßig ein Kieselsäurepräparat einnehmen.

Frostbeulen

Ätherische Öle: Lavendel, Zitrone, Teebaum

Anwendung: Betroffene Stellen mit Teebaumöl einreiben. Kalte Füße mit einer Mischung aus 10 ml Sojaöl und 5 Tropfen Teebaumöl einreiben.

Tip: Kalte Körperstellen kräftig massieren. Eine Einreibung mit Zitronensaft wirkt belebend.

Füße, kalte

Ätherische Öle: Lavendel, Minze, Rosmarin, Geranie, Rosenholz, Zypresse

Anwendung: Beine und Füße mit Zypressenessenz einreiben. 10 ml Zypresse mit 14 Tropfen

Salbei, 14 Tropfen Lavendel und 1 Tropfen Minze gründlich mischen. Füße morgens und abends damit einreiben.

Füße, schmerzende

Ätherisches Öl: Pfefferminze

Anwendung: 5 Tropfen Pfefferminze in eine Schüssel lauwarmes Wasser geben. Ein 15 Minuten dauerndes Fußbad nehmen.

Tip: Das Fußbad hilft auch bei geschwollenen Füßen. Pfefferminzöl hat eine lindernde und kühlende Wirkung.

Fußpilz

Ätherische Öle: Teebaum, Zeder, Thymian, Geranie, Muskatellersalbei, Lavendel, Rose, Salbei

Anwendung: Füße mit einigen Tropfen Lavendel oder Salbei massieren. 10 Tropfen Teebaum mit 8 Tropfen Zeder, 1 Tropfen Thymianöl und 50 ml Traubenkernöl mischen. Betroffene Stellen dreimal täglich einreiben. 5 Tropfen Teebaumöl mit Meersalz in eine Schüssel warmes Wasser geben. Füße 10–15 Minuten darin baden. Je 2 Tropfen Teebaum und Geranie mit 3 Tropfen Weizenkeimöl und 10 ml Sojaöl mischen. Zehenzwischenräume damit behandeln.

Fußschweiß

Ätherische Öle: Zypresse, Lavendel

Anwendung: 5 Tropfen Zypresse in eine Schüssel warmes Wasser (37 °C) geben, die Füße darin baden. Vorbeugend anwenden. 5 Tropfen Zypresse, 3 Tropfen Lavendel mit 1 Schuß süßer Sahne mischen, in eine Schüssel mit warmem Wasser geben. Füße darin etwa 10 Minuten baden. Je 1 Tropfen Lavendel und Weihrauch mit etwas Sojaöl mischen. Als Massageöl verwenden. Umschläge mit Rosmarin machen. 1 Tropfen Wacholder oder Rosmarin in eine Schüssel heißes Wasser geben, ein Fußbad damit nehmen.

Tip: Achten Sie auf eine fleischarme, vollwertige Ernährung mit frischem Obst und Gemüse!

Grippe

Ätherische Öle: Eukalyptus, Thymian, Origanum, Zimt, Niaouli, Teebaum, Palmarosa, Waldkiefer

Anwendung: Siehe Erkältung

Tip: Trinken Sie reichlich heißen Tee aus Kamille, Eukalyptus oder Thymian. Hüten Sie das Bett.

Gürtelrose

Ätherische Öle: Geranie, Lavendel, Myrte, Rosmarin, Teebaum, Melisse, römische Kamille

Anwendung: 15 ml Geranie mit 5 ml Rosenholz, 3 Tropfen Rose und 100 ml Weizenkeimöl mischen. Morgens und abends als Massageöl anwenden. Je 2 Tropfen Geranie, Lavendel, Myrte und Rosmarin mit 3 Tropfen Weizenkeimöl und 15 ml Sojaöl mischen. Dreimal täglich auftragen. 5 Tropfen Teebaum mit 1 Tropfen Melisse, 5 Tropfen Lavendel, 4 Tropfen Geranie und 3 Tropfen römischer Kamille in 100 ml Rosenhydrolat geben und gründlich mischen. Für Umschläge das Ganze in 1 l lauwarmes Wasser geben. 3mal täglich damit Umschläge auflegen.

Haarausfall (s. Alopezie)

Halsentzündung

Ätherische Öle: Cajeput, Geranie, Niaouli, Pfeffer, Rose, Rosmarin, Teebaum, Zimt, Nelke, Ingwer, Myrte, Muskatellersalbei, Zitrone, Lavendel

Anwendung: 2 Tropfen Cajeput, Zitrone oder Lavendel in 1/2 l heißes Wasser geben. Einen feuchten Halswickel damit machen. Vorbeugend morgens und abends mit 1 Tropfen Cajeput, Geranie oder Rosmarin auf 1 Glas abgekochtes Wasser gurgeln.

Tip: Nehmen Sie reichlich Flüssigkeit zu sich, reden Sie wenig, rauchen Sie nicht! Gönnen Sie sich mehrmals täglich ein Glas heiße Zitrone mit Honig.

Hämorrhoiden

Ätherische Öle: Myrte, Lavendel, Zypresse, Teebaum, echte Kamille

Anwendung: 10 Tropfen Teebaum mit 4 Tropfen Lavendel, 5 Tropfen echte Kamille und 5 Tropfen Zypresse in 50 ml süßes Mandelöl geben, gut vermischen und die Hämorrhoiden täglich vorsichtig damit einreiben.

Tip: Zur Vorbeugung auf ballaststoffreiche Ernährung achten, reichlich trinken, öfter Knoblauch essen. Für ausreichend Bewegung und Bauchatmung sorgen.

Haut, alternde

Ätherische Öle: Rose, Karotte, Rosmarin, Galbanum, Zypresse

Anwendung: 8 Tropfen ätherisches Öl mit 50 ml süßem Mandelöl mischen. Morgens und abends einmassieren. Das Öl in einer dunklen Flasche aufbewahren. 4 Tropfen ätherisches Öl mit 2 EL Honig mischen, auf das Gesicht auftragen, 10 Minuten einwirken lassen, mit warmem Wasser reinigen. Danach Rosenwasser auftragen.

Tip: Den Konsum von Alkohol, Tee, Kaffee und Nikotin einschränken. Haut vor intensiver Sonnenbestrahlung mit einer Sonnenschutzcreme schützen. Täglich für viel frische Luft und ausreichend Bewegung sorgen.

Haut, rissige

Ätherische Öle: Rosenholz, Lavendel, Zitrone

Anwendung: Siehe Hautkrankheiten. Ein paar Tropfen Zitrone 1–2mal täglich auf die betroffenen Stellen auftragen. 2 Tropfen Zitrone einer Lehmmaske zufügen, 10 Minuten einwirken lassen, abwaschen.

Hautfalten

Ätherische Öle: Rosenholz, Rose, Rosmarin

Anwendung: Morgens und abends zur Regenerierung des Gewebes ein paar Tropfen auf die gereinigte Haut geben. Kurmäßig 2mal täglich für 3 Wochen anwenden. Im Zerstäuber verdunsten. 5 ml Rosenholz, 5 Tropfen Rose, 15 ml Johanniskrautöl und 80 ml Weizenkeimöl mischen. Als Gesichtsöl verwenden.

Tip: Schützen Sie Ihre Haut vor zu langen Aufenthalten in der Sonne, besonders an Gesicht und Händen!

Hautjucken

Ätherische Öle: Lavendel, Zeder

Anwendung: Siehe Hautkrankheiten

Hautkrankheiten

Ätherische Öle: Zitrone, Lavendel, Geranie

Anwendung: 10 Tropfen Lavendelöl auf ein Vollbad geben. (Für Kinder mit 100 ml süßer Sahne mischen.) Morgens und abends betroffene Hautpartien mit ein paar Tropfen Lavendel einreiben (z. B. bei Akne, Pickel, gereizter Haut). Für Gesichtsdampfbäder ein paar Tropfen Lavendel in eine Schüssel warmes Wasser geben.

Herpes Labialis (Bläschen auf den Lippen)

Ätherische Öle: Teebaum, Melisse, Rose

Anwendung: Mehrmals täglich auftragen.

Heuschnupfen

Ätherische Öle: Teebaum, Cajeput, Eukalyptus, Niaouli

Anwendung: Ein paar Tropfen ätherisches Öl zum Inhalieren nehmen. 1 Tropfen ätherisches Öl mit etwas Sojaöl mischen, Nasen- und Nebenhöhlengegend damit einreiben. Im Akutfall ein paar Tropfen Öl auf ein Taschentuch geben, einatmen.

Tip: Juckende Augen werden mit Kamillenkompressen gekühlt.

Hexenschuß

Ätherische Öle: Senf, Rosmarin, Origanum, Thymian, Wacholder, Waldkiefer

Anwendung: 5 Tropfen Origanum und Thymian oder Senf und Rosmarin mit 150 ml süßer Sahne mischen und in ein heißes Vollbad geben. Leinsamenumschläge mit je 5 Tropfen Wacholder, Senf oder Rosmarin machen.

Tip: Warm halten, besonders die Nierengegend.

Husten

Ätherische Öle: Kiefer, Eukalyptus, Origanum, Rose, Geranie, Cajeput, Karotte, Weihrauch, Senf, Kamille, Teebaum, Zeder, Thymian

Anwendung: Inhalationen mit Eukalyptus. Brustumschläge mit Cajeput, Karotte, Weihrauch oder Senf. Duftlampe oder Zerstäuber: 5 Tropfen Kamille mit 4 Tropfen Teebaum, 2 Tropfen Thymian, 5 Tropfen Zeder und 4 Tropfen Cajeput mischen. 5 Tropfen der Mischung in die Duftlampe geben.

Tip: Knoblauch, Weiße Rüben, Rettich und Meerrettich wirken schleimlösend.

Hysterie

Ätherische Öle: Neroli, Lavendel, Majoran, Petit Grain

Anwendung: 1/2–1 Tropfen mit 1 Löffel Honig um 17 Uhr und zum Einschlafen einnehmen. Beruhigende Einreibungen vornehmen. 1 Tropfen Neroli, 2 Tropfen Petit Grain und 4 Tropfen Majoran mit 150 ml süßer Sahne mischen, in ein Vollbad geben. Lavendel, Neroli, Petit Grain und Majoran als Mischung in Duftlampe oder Zerstäuber geben.

Impetigo (Eiterflechte, Grindflechte)

Ätherische Öle: Benzoe, Ringelblume, Kamille, Karotte, Teebaum, Patschuli

Anwendung: Ein paar Tropfen ätherisches Öl mit je 5 ml Weizenkeimöl mischen. Täglich einmal auf betroffene Stellen auftragen.

Tip: Auf Vitamin-A-reiche Lebensmittel achten. Infizierte Stellen mehrmals täglich mit Obstessig abtupfen.

Insektenstiche

Ätherische Öle: Lavendel, Geranie, Sassafras

Anwendung: 8–10 Tropfen auf Stiche geben, anfangs alle 2 Stunden wiederholen.

Ischias

Ätherische Öle: Wacholder, Senf, Pfeffer, Terpentin, Origanum und Thymian

Anwendung: 2 Tropfen ätherisches Öl mit 15 ml Weizenkeimöl vermischen. Betroffene Stellen vorsichtig einreiben. Ein paar Tropfen ätherisches Öl mit 150 ml süßer Sahne in ein warmes Vollbad geben.

Tip: Die betroffenen Stellen warm halten.

Jet Lag (Zeitumstellungsprobleme nach langen Reisen)

Ätherische Öle: Lavendel, Geranie

Anwendung: 10 Tropfen Lavendel in die Hand geben. Oberkörper damit einreiben, danach duschen. Hält morgens nach langer Reisezeit munter. 3 Tropfen Geranie mit etwas Shampoo mischen, ins Badewasser geben. Wirkt schlaffördernd nach langer Reise.

Tip: Zur Vorbeugung gegen geschwollene Knöchel die Füße öfter mit Zypresse oder Rosmarin massieren.

Katarrh

Ätherische Öle: Benzoe, Eukalyptus, Kamille, Weihrauch, Ysop, Niaouli, Pfefferminze, Waldkiefer, Muskatellersalbei

Anwendung: Je 1 Tropfen Thymian und Eukalyptus in eine Schüssel heißes Wasser geben, mit einem Tuch über dem Kopf 10 Minuten inhalieren. Ein paar Tropfen Eukalyptus mit 100 ml süßer Sahne in ein Vollbad geben. Aromalampe mit ein paar Tropfen Benzoe oder Niaouli über Nacht aufstellen.

Tip: Mehrmals täglich heißen Kräutertee zu sich nehmen.

Kehlkopfentzündung

Ätherische Öle: Lavendel, Kiefer, Cajeput

Anwendung: Zerstäuber, Duftlampe. Inhalation: 3 Tropfen ätherisches Öl in eine Schale warmes Wasser geben, 5 Minuten mit einem Tuch über dem Kopf inhalieren.

Koliken

Ätherische Öle: Zimt, Bergamotte, Orange, Kümmel, Melisse, Kamille

Anwendung: Je 2 Tropfen Melisse und Kamille mit 30 ml Sojaöl mischen. Bauch sanft im Uhrzeigersinn damit massieren. Anschließend mit einem heißen, nassen, ausgewundenen Handtuch bedekken. Ein trockenes Handtuch und eine Decke darüberlegen.

Tip: Kräutertee aus Anis, Fenchel und Melisse trinken.

Konjunktivitis (Bindehautentzündung)

Ätherisches Öl: Rose

Anwendung: 2 Wattepads in Rosenhydrolat tränken, ausdrücken und als Augenkompressen 10 Minuten auflegen. 3mal täglich anwenden.

Kopfschmerz

Ätherische Öle: Lavendel, Kamille, Basilikum, Wacholder, Koriander, Melisse, Rosmarin, Muskatellersalbei, Cajeput, Geranie, Niaouli, Teebaum

Anwendung: Ein paar Tropfen Wacholder mit etwas Shampoo in ein heißes Bad geben. Mit Cajeput oder Geranie inhalieren.

Tip: Zeigefinger neben die Nase in die Augenhöhlen drücken (Akupressurpunkt).

Krampfadern

Ätherische Öle: Zypresse, Zitrone, Petersilie

Anwendung: Je 4 Tropfen Petersilie und Zypresse mit 20 ml Mandelöl mischen. Beine von unten nach oben damit einreiben.

Tip: Zum Schlafen Füße hochlagern. Nicht mit übereinandergeschlagenen Beinen sitzen. Für viel

Bewegung sorgen. Auf ballaststoffreiche Ernährung achten. Nach dem Baden oder Duschen Beine und Füße stets kalt abbrausen.

Krämpfe

Ätherische Öle: Geranie, Koriander, Kamille

Anwendung: Bei Beinkrämpfen 5 ml Sojaöl mit 3 Tropfen Weizenkeimöl und 2 Tropfen Geranie mischen. Beine damit einreiben. Bei Bauchkrämpfen heiße Umschläge mit Kamille machen.

Tip: Bei Beinkrämpfen kann Gegendehnung helfen.

Krätze

Ätherische Öle: Geranie, Wacholder, Lavendel

Anwendung: Ein kleines Wasserglas Wodka mit 10 Tropfen ätherischem Öl mischen. Abends die Kopfhaut damit massieren, morgens auswaschen. 20 ml Wodka mit 10 Tropfen ätherischen Öls mischen, den Körper damit einreiben.

Kreislaufstörungen

Ätherische Öle: Zypresse, Neroli, Zitrone, Rose

Anwendung: 10 ml süßes Mandelöl mit ein paar Tropfen ätherischem Öl mischen. Täglich als Massageöl anwenden.

Tip: Aufputschende Getränke und Alkohol meiden. Wechselduschen und Kneippsche Anwendungen machen.

Labilität, seelische

Ätherische Öle: Basilikum, Majoran, Bergamotte

Anwendung: 1–2 Tropfen Basilikum oder Majoran 3mal täglich mit 1 Löffel Honig nehmen. Solarplexus, Nacken und Wirbelsäule mit je 5 Tropfen Basilikum und Majoran regelmäßig einreiben.

Läuse

Ätherische Öle: Geranie, Salbei, Lavendel, Thuja

Anwendung: 10 ml Geranie, 10 ml Lavendel, 10 ml Salbei und 5 ml Thuja mischen. Jeweils 25 Tropfen der Mischung mit etwas Sojaöl mischen. Eine Woche lang jeden Tag, danach 1mal wöchentlich abendliche Einreibungen vornehmen.

Luftschlucken

Ätherische Öle: Kümmel, Muskatnuß, Koriander

Anwendung: 1 Tropfen Muskatnuß oder 1 Tropfen Muskatnuß und 1 Tropfen Kümmel nach den Mahlzeiten mit 1 Glas Wasser nehmen. Den Unterleib mit einer Mischung aus je 10 Tropfen Kümmel und Muskatnuß mit etwas Sojaöl einreiben.

Magen, nervöser

Ätherische Öle: Basilikum, Ylang Ylang, Lavendel, Geranie, Bergamotte

Anwendung: 4 Tropfen Basilikum, 2 Tropfen Ylang Ylang, 2 Tropfen Lavendel, 2 Tropfen Geranie und 2 Tropfen Bergamotte mit 75 ml Johanniskrautöl und 25 ml süßem Mandelöl mischen. Regelmäßig den Oberbauch damit massieren.

Magengeschwür

Ätherisches Öl: Lavendel

Anwendung: 2–3 Tropfen 3mal täglich mit einem Glas Wasser einnehmen.

Melancholie

Ätherische Öle: Rosmarin, Bohnenkraut, Koriander, Origanum, Ylang Ylang, Zimt

Anwendung: 5 Tropfen eines ätherischen Öls in Zerstäuber oder Duftlampe. 1 Tropfen Rosmarin 3mal täglich mit einem Glas warmem Wasser nehmen. 5 Tropfen Rosmarin und Origanum mit 2 EL Milchpulver auf ein warmes Vollbad geben.

Melanose (dunkle Hautflecken)

Ätherische Öle: Zitrone, Benzoe

Anwendung: Etwas ätherisches Öl auf die betroffenen Stellen tupfen, hat bleichende Wirkung.

Tip: Die Haut vor intensiver Sonneneinstrahlung schützen. Vitamin-A- und -E-reiche Nahrungsmittel häufig auf den Speisezettel setzen.

Menopause, Beschwerden

Ätherische Öle: Salbei, Zitrone, Zypresse, Jasmin, Neroli, Rose, Zimt, Bergamotte, Ylang Ylang, Limette, Styrax, Sandelholz, Muskatellersalbei

Anwendung: 1 Tropfen Salbei 3mal täglich mit 1 Löffel Honig nehmen. Solarplexus mit ein paar Tropfen Salbei, mit Weizenkeimöl gemischt, einreiben. 4 Tropfen Bergamotte, 1 Tropfen Zimt und 1 Tropfen Ylang Ylang in die Duftlampe geben. Je 1 Tropfen Jasmin, Neroli, Styrax und Muskatellersalbei mit 4 Tropfen Sandelholz und 100 ml süßer Sahne auf 1 Vollbad geben. Je 1 Tropfen Jasmin und Rose, 3 Tropfen Ylang Ylang und 2 Tropfen Bergamotte mit 100 ml süßem Mandelöl mischen. Als Massageöl verwenden.

Menstruation, schmerzhafte

Ätherische Öle: Rose, Rosenholz, Ylang Ylang, Grapefruit, Kreuzkümmel, Zeder, Rosmarin, Cistrose

Anwendung: Je 1 Tropfen Rose, Kreuzkümmel, Ylang Ylang und Grapefruit mit 3 Tropfen Rosenholz in 100 ml Weizenkeimöl mischen. Für Bauchmassagen verwenden. Je 1 Tropfen Rose, Zeder, Rosmarin mit 2 Tropfen Ylang Ylang und 3 Tropfen Cistrose in 100 ml Jojobaöl mischen. Diese Mischung kann ebenfalls für Bauchmassagen verwendet werden.

Tip: Die meisten Krämpfe lösen sich bei einer sanften Bauch- und Rückenmassage im Lendenwirbelbereich.

Migräne

Ätherische Öle: Basilikum, Lavendel, Kamille, Lemongrass, Fenchel, Melisse, Origanum, Majoran

Anwendung: 1 Tropfen ätherisches Öl mit 5 ml Weizenkeimöl mischen. Schläfen, Nacken und Solarplexus damit einreiben.

Mitesser

Ätherische Öle: Zitrone, Sassafras

Anwendung: Ein paar Tropfen Zitrone mit etwas Watte auf die betroffenen Stellen tupfen. 1–2mal täglich wiederholen.

Müdigkeit

Ätherische Öle: Rosmarin, Ingwer, Wacholder, Pfefferminze

Anwendung: 3 Tropfen Rosmarin, 3 Tropfen Ingwer, 2 Tropfen Wacholder und 1 Tropfen Pfefferminze mit 50 ml Weizenkeimöl mischen. Morgens als Körperöl verwenden. Dieselbe Mischung ätherischer Öle mit 100 ml süßer Sahne auf ein warmes Vollbad geben. An einem Fläschchen Rosmarin riechen oder 2 Tropfen auf ein Taschentuch geben und daran riechen.

Mundgeruch

Ätherische Öle: Minze, Muskatnuß, Nelke

Anwendung: Je 1 Tropfen ätherisches Öl auf die Hand zum Ablecken geben.

Tip: Minzöl nicht am Abend verwenden, es hindert am Einschlafen.

Muskelkater

Ätherische Öle: Rosmarin, Terpentin, Lavendel, Kiefer

Anwendung: Je 5 Tropfen Rosmarin und Terpentin mit 100 ml süßer Sahne auf ein warmes Vollbad geben. Je 1 Tropfen Rosmarin, Terpentin, Lavendel und Kiefer mit etwas Sojaöl mischen; schmerzende Stellen zweimal täglich einreiben.

Tip: Nach sportlicher Betätigung sofort heiß duschen.

Muskeln, schmerzende

Ätherische Öle: Wintergrün, Rosmarin, Fenchel, Kiefer, Thymian

Anwendung: 5 Tropfen Wintergrün mit etwas Milchpulver in ein warmes Vollbad geben. 4 Tropfen Wintergrün, Rosmarin oder Thymian mit 10 ml Sojaöl mischen, als Massageöl verwenden.

Nachtschweiß

Ätherisches Öl: Salbei

Anwendung: 1 Tropfen Salbei mit 1 Löffel Honig 3mal täglich einnehmen. Morgens und abends ein paar Tropfen Salbei in die Achselhöhlen geben. Ein paar Tropfen Salbeiöl mit Weizenkeimöl und Sojaöl mischen. Abends eine Ganzkörpermassage durchführen. Auch im Zerstäuber abends anwenden.

Nägel, brüchige

Ätherische Öle: Weihrauch, Myrrhe, Galbanum

Anwendung: 10 ml süßes Mandelöl mit 2 Tropfen des ätherischen Öls gründlich mischen. Alle Nägel wöchentlich 1mal mit dieser Mischung einreiben.

Tip: Auf Nagellack verzichten. Beim Putzen und Abspülen Gummihandschuhe tragen.

Nagelbettentzündung

Ätherisches Öl: Teebaum

Anwendung: Mehrmals täglich ein paar Tropfen der Essenz auf die entzündete Stelle tupfen und einwirken lassen.

Nasennebenhöhlenentzündung

Ätherische Öle: Pfefferminze, Eukalyptus, Cajeput, Thymian, Zitrone, Lavendel, Teebaum, Tolu, Niaouli, Kamille, Myrrhe

Anwendung: 1 Tropfen Pfefferminze oder Eukalyptus für die Nacht aufs Kopfkissen träufeln. 1 Tropfen Thymian, 4 Tropfen Zitrone, 3 Tropfen Pfefferminze, 4 Tropfen Lavendel und 4 Tropfen Teebaum mischen. 1–2 Tropfen davon auf 1 l kochendes Wasser geben. Mit einem Tuch über dem Kopf inhalieren. 1 Tropfen Thymian und 5 Tropfen Zitrone in die Duftlampe geben. 4 Tropfen ätherischen Öls mit 10 ml Sojaöl mischen, Nasenflügel sanft damit massieren.

Tip: Ätherische Öle wirken unterstützend auf die Heilung, ersetzen aber keinesfalls eine ärztliche Behandlung.

Nervosität

Ätherische Öle: Lavendel, Neroli, Majoran, Petit Grain, Orange, Lavendel

Anwendung: Duftlampe, Zerstäuber (Lavendel, Petit Grain, Neroli, Majoran). 1–2 Tropfen Orange, Petit Grain oder Neroli mit 1 Löffel Honig um 17 Uhr und zum Schlafengehen einnehmen. 15 ml Orange, 2 Tropfen Petit Grain und 2 Tropfen Neroli mit 150 ml Weizenkeimöl mischen. Für Massagen verwenden. 4 Tropfen Majoran, 2 Tropfen Petit Grain und 1 Tropfen Majoran mit 2 EL Milchpulver mischen, in ein warmes Vollbad geben.

Neuralgien (Nervenschmerzen)

Ätherische Öle: Lavendel, Majoran, Cajeput, Kamille, Rose, Melisse, Ingwer, Wacholder, Senf, Pfeffer, Eukalyptus, Niaouli, Teebaum

Anwendung: 6 Tropfen Cajeput, 7 Tropfen Lavendel, 5 Tropfen Ingwer und 3 Tropfen Wacholder mit 100 ml Weizenkeimöl mischen. Als Körperöl verwenden. 4 Tropfen Cajeput, 3 Tropfen Lavendel, 1 Tropfen Rose und 1 Tropfen Lavendel mit 100 ml süßem Mandelöl mischen. Als Gesichtsöl verwenden. 3 Tropfen Senföl mit 5 ml Sojaöl und 3 Tropfen Weizenkeimöl mischen, einmassieren.

Tip: Betroffene Nerven warm halten. Bei Gesichtsneuralgien beim Spazierengehen eine lockere Kopfbedeckung (Tuch oder Schal) tragen.

Nikotinvergiftung

Ätherische Öle: Sassafras, Geranie, Majoran, Salbei, Lavendel, Eisenkraut

Anwendung: 1–2 Tropfen 3mal täglich von der Hand lecken. Je 1 Tropfen Sassafras, Salbei, Geranie, Majoran und Lavendel in 1 großes Glas warmes Wasser geben, gut umrühren und 3mal täglich einnehmen. Im Zerstäuber: je 1 Tropfen Eisenkraut, Geranie, Sassafras. Über Nacht anwenden. Brust, Solarplexus, Nacken und Wirbelsäule mit einer Mischung aus je 1 Tropfen Sassafras, Salbei, Geranie, Majoran und Lavendel in etwas Weizenkeimöl einreiben.

Ödeme

Ätherische Öle: Zitrone, Mandarine, Orange, Neroli, Petit Grain, Zypresse, Rosmarin, Spik, Basilikum, Lavendel, Wintergrün

Anwendung: Ein paar Tropfen Zitrone, Mandarine, Orange, Neroli und Petit Grain mit 2 EL Milchpulver auf ein warmes Bad geben. 2 Tropfen Zypresse oder Rosmarin mit 15 ml Sojaöl mischen. Füße kräftig damit massieren. 5 Tropfen Zypresse oder Zitrone mit 50 ml Weizenkeimöl mischen und die Beine damit massieren. 10 Tropfen Basilikum, Zeder, Lavendel, Spik oder Wintergrün mit 50 ml Sojaöl und 4 Tropfen Weizenkeimöl mischen. Handrücken, Fußsohlen, Bauch und Solarplexus damit einreiben.

Tip: Bei geschwollenen Knöcheln heiße Bäder, enge Socken und Schuhe meiden. Für viel Bewegung sorgen. Zur Entwässerung empfiehlt sich eine Kartoffelkur.

Ohnmacht (siehe Schwindel)

Ohrenentzündung

Ätherisches Öl: Zitrone

Anwendung: 2–3 Tropfen Zitronensaft (nicht das ätherische Öl) 2–3mal täglich in die Ohren träufeln. 2–3 Tage anwenden.

Ohrenschmerzen

Ätherisches Öl: Nelke

Anwendung: 1 Tropfen Nelke mit 5 ml Sojaöl mischen und den Nacken- und Ohrenbereich damit einreiben.

Parodontose (Zahnbetterkrankung)

Ätherische Öle: Teebaum, Pfefferminze, Lavendel, Zitrone, Thymian

Anwendung: Zum Spülen 5 Tropfen Pfefferminze, 4 Tropfen Teebaum, 5 Tropfen Lavendel, 5 Tropfen Zitrone, 1 Tropfen Thymian mit 100 ml Rosenhydrolat mischen. Teebaumöl mit einem Wattestäbchen auf entzündete Stelle auftragen.

Tip: Morgens und abends nach dem Zähneputzen als Mundwasser verwenden.

Prämenstruelles Syndrom (Beschwerden vor der Menstruation)

Ätherische Öle: Petersilie, Neroli, Waldkiefer, Estragon, Kardamom, Melisse, Rose, Tolu, Zitrone, Petit Grain

Anwendung: 5 Tropfen Petersilie, 2 Tropfen Neroli, 4 Tropfen Waldkiefer mit 2 EL Milchpulver auf ein warmes Vollbad geben. Nach dem Bad 10 Minuten ruhen. 4 Tropfen Petit Grain mit 3 Tropfen Neroli und 30 ml Sojaöl mischen. Bauch, Lenden und Nakken damit massieren.

Tip: Auf Tee, Kaffee und Alkohol in den Tagen vor der Menstruation verzichten. Leichten Sport treiben. Magnesiumreiche Nahrungsmittel essen, z. B. Nüsse, Vollkorngetreide und Trockenfrüchte.

Quetschungen

Ätherische Öle: Lavendel, Geranie, Ysop

Anwendung: Lavendel-, Geranien- und Ysop-Öl zu gleichen Teilen 2mal täglich auftragen.

Reisefieber

Ätherische Öle: Angelika, Pfefferminze

Anwendung: 2 Tropfen ätherisches Öl auf ein Taschentuch geben, daran riechen. 1 Tropfen Pfefferminzöl auf die Handfläche träufeln, mit der Zunge aufnehmen (nicht für Kinder unter 6 Jahren!).

Tip: Hilft auch bei Übelkeit während der Schwangerschaft.

Reizbarkeit

Ätherische Öle: Basilikum mit Majoran, Lavendel, Neroli mit Orange

Anwendung: Duftlampe, Zerstäuber. 5 Tropfen Majoran und 4 Tropfen Lavendel mit 2 EL Milchpulver in ein warmes Vollbad geben. Je 1 Tropfen Lavendel, Majoran und Basilikum mit 1 Löffel Honig nehmen, und zwar um 17 Uhr und vor dem Schlafengehen.

Rheumatismus

Ätherische Öle: Wacholder mit Kiefer und Terpentin, Eukalyptus, Rosmarin

Anwendung: Mit ein paar Tropfen Kiefer und Terpentin 1–3mal täglich einreiben. 15 ml Rosmarin und 15 Tropfen Lavendel mit 12 Tropfen Terpentin und 15 Tropfen Kiefer mischen. 2–3mal täglich auf schmerzende Stellen reiben.

Rückenschmerzen

Ätherische Öle: Spik, Wacholder, Muskat, Lavendel, Pfeffer, Waldkiefer, Rosmarin, Mandarine, Neroli, Petit Grain

Anwendung: Ein paar Tropfen ätherisches Öl mit 10 ml Sojaöl mischen. Für eine Rückenmassage verwenden. Ein paar Tropfen ätherisches Öl mit 2 EL Milchpulver auf ein warmes Vollbad geben. Einen feuchtheißen Umschlag mit ein paar Tropfen ätherisches Öl anbringen.

Tip: Rückenschmerzen können zahlreiche Ursachen haben, z. B. langes Stehen, hohe Absätze, schweres Heben, Grippe, die bei häufigerem Auftreten medizinisch abgeklärt werden sollten.

Schlafstörungen

Ätherische Öle: Lavendel, Majoran, Neroli, Petit Grain, Orange, Basilikum, Melisse, Rose, Mandarine, Jasmin, Rosenholz, Vetiver, Zeder, Bergamotte, Sandelholz

Anwendung: 12 Tropfen Lavendelöl in den Weichspüler für die Wäsche geben (Bettwäsche!). Vor dem Schlafengehen ein warmes Bad nehmen mit ein paar Tropfen Lavendel, Neroli oder Petit Grain mit 2 EL Milchpulver. 2 Tropfen Lavendel, Neroli, Melisse, Basilikum oder Petit Grain mit 10 ml Sojaöl gründlich mischen. Vor dem Schlafengehen eine sanfte Massage damit vornehmen. 1 Tropfen Jasmin, 1 Tropfen Vetiver, 3 Tropfen Rosenholz, 4 Tropfen Mandarine mit 150 ml süßer Sahne auf ein warmes Vollbad geben. 1 Tropfen Melisse, 1 Tropfen Rose, 6 Tropfen Lavendel, 5 Tropfen

Zeder mit 50 ml süßem Mandelöl mischen. Als Massageöl verwenden. 5 Tropfen Zeder, 6 Tropfen Lavendel und 1 Tropfen Rose in die Duftlampe geben. 1 Tropfen Jasmin, 3 Tropfen Bergamotte und 2 Tropfen Sandelholz in die Duftlampe geben. 1 Tropfen Zeder, 1 Tropfen Lavendel und 1 Tropfen Rose aufs Kopfkissen geben.

Tip: Machen Sie vor dem Schlafengehen öfters ein Entspannungsprogramm mit einem Bad, einer anschließenden Massage und einer Duftlampe für die Nacht.

Schluckauf

Ätherisches Öl: Estragon

Anwendung: 1–2mal täglich nach den Mahlzeiten 1 Tropfen von der Hand lecken. Nach den Mahlzeiten den Unterleib mit Estragonöl im Uhrzeigersinn massieren.

Schnittwunden

Ätherische Öle: Lavendel, Eukalyptus, Geranie, Teebaum, Muskatellersalbei

Anwendung: Wunde mit ein paar Tropfen Lavendel betupfen, wirkt antiseptisch. Schnittwunde gründlich auswaschen. Dazu abgekochtes Wasser mit Meersalz und 1 Tropfen ätherisches Öl verwenden.

Schorf

Ätherisches Öl: Lavendel

Anwendung: Ein paar Tropfen auftragen.

Schrunden

Ätherisches Öl: Lavendel

Anwendung: Ein paar Tropfen auf die betroffenen Stellen geben. Öfter wiederholen.

Schuppen

Ätherische Öle: Patschuli, Kamille, Zitrone, Ylang Ylang, Muskatellersalbei, Zeder, Eukalyptus, Rosmarin

Anwendung: 2 Tropfen Patschuli mit 10 ml Sojaöl mischen, 2 Stunden vor dem Haarewaschen in die Kopfhaut einmassieren. 10 Tropfen Eukalyptus, 14 Tropfen Rosmarin, 5 ml Jojobaöl und 50 ml Sojaöl mischen. Auf die Kopfhaut auftragen. Mit einem Handtuch um den Kopf 2 Stunden einwirken lassen, dann auswaschen.

Schwäche

Ätherische Öle: Zitrone, Geranie, Rosmarin, Koriander, Basilikum, Majoran, Lavendel, Zimt, Sandelholz, Eisenkraut

Anwendung: Duftlampe, Zerstäuber. Einreibungen, Bäder.

Schwindelgefühl

Ätherische Öle: Kamille, Lavendel, Minze

Anwendung: 2 Tropfen Lavendel oder Minze auf ein Taschentuch geben und tief einatmen. 1 Tropfen Minze mit 1 Löffel Honig morgens einnehmen. Eines der Öle im Zerstäuber.

Schwitzen

Ätherische Öle: Salbei, Zypresse, Lavendel, Rosenholz, Minze, Rosmarin, Rose

Anwendung: Morgens und abends ein paar Tropfen Salbei auf die Füße und in die Achselhöhle geben. 10 ml Zypresse und 14 Tropfen Salbei mit 15 Tropfen Lavendel und 100 ml Sojaöl mischen. Als Körperöl verwenden. 10 ml Rosenholz mit 10 ml Rosmarin, 3 Tropfen Rose und 100 ml Weizenkeimöl mischen. Morgens nach dem Duschen als Ganzkörpereinreibung anwenden.

Sommersprossen

Ätherisches Öl: Zitrone

Anwendung: Zum Bleichen 2–4 Tropfen 1–2mal täglich auf die Haut auftragen.

Sonnenbrand

Ätherische Öle: Lavendel, Geranie, Rosenholz, Rose

Anwendung: 15 ml Geranie, 5 ml Rosenholz und 3 Tropfen Rose mit 100 ml Weizenkeimöl mischen und auf betroffene Stellen auftragen. Oder ein paar Tropfen Lavendel auf betroffene Stelle auftragen.

Übelkeit

Ätherisches Öl: Pfefferminze

Anwendung: 1 Tropfen ätherisches Öl auf den Handrücken träufeln und mit der Zunge auflecken (nicht für Kinder unter 6 Jahren).

Überlastung

Ätherische Öle: Koriander, Estragon, Rosmarin, Sandelholz, Bohnenkraut, Origanum

Anwendung: Duftlampe, Zerstäuber. Bäder mit ein paar Tropfen ätherischem Öl und 2 EL Milchpulver vornehmen.

Ungeziefer

Ätherische Öle: Zeder, Zirbelkiefer, Lemongrass, Lavendel, Geranie, Zypresse, Zitrone, Pfefferminze

Anwendung: 4 Tropfen Zeder, 3 Tropfen Zirbelkiefer, 3 Tropfen Lemongrass, 3 Tropfen Lavendel und 1 Tropfen Geranie in die Duftlampe geben. 2 Tropfen Zypresse, 3 Tropfen Zitrone, 1 Tropfen Zeder und 2 Tropfen Lavendel in die Duftlampe geben. 10 Tropfen Minze, 4 Tropfen Lavendel auf 1/4 l Wasser geben. In Sprühflasche füllen. Hilft gegen Ameisenstraßen.

Verbrennungen

Ätherisches Öl: Lavendel

Anwendung: Kleinere Brandwunden mehrmals hintereinander mit Lavendelöl betupfen.

Tip: Bei großflächigen Verbrennungen nach der Erstversorgung unbedingt sofort einen Arzt aufsuchen.

Verdauungsstörungen

Ätherische Öle: Kümmel, Muskatnuß, Minze, Koriander, Mutterkümmel, Basilikum, Rosmarin, Estragon, Ingwer, Lorbeer, Majoran, Origanum, Pfeffer, Pfefferminze, Salbei, Thymian

Anwendung: Als dreiwöchige Kur 1–2 Tropfen Kümmel nach den Mahlzeiten von der Hand lecken. Nach den Mahlzeiten Magengegend und Bauch mit einer Mischung aus 5–10 Tropfen Muskatnuß und etwas Weizenkeimöl einreiben. Ätherische Öle anstelle von Gewürzen zum Kochen verwenden.

Tip: Fette und blähende Speisen meiden. Abends nicht zu spät essen.

Verletzungen

Ätherisches Öl: Lavendel

Anwendung: Pur auf betroffene Stellen auftragen.

Verstauchung

Ätherische Öle: Rosmarin, Wacholder

Anwendung: Ätherische Öle einer Lehmauflage beimischen.

Verstopfung

Ätherische Öle: Basilikum, Bohnenkraut, Fenchel, Ingwer, Kardamom, Koriander, Kreuzkümmel, Muskatnuß, Pfeffer, Wacholder, Ysop, Zimt, Rosmarin

Anwendung: Ätherische Öle als Gewürzöle in der Küche verwenden. 5 Tropfen Rosmarin mit 10 ml Sojaöl mischen, morgens den Bauch damit einreiben und massieren.

Tip: Auf ausreichende Bewegung achten. Ballaststoffreiche Lebensmittel, wie Vollkorngetreide, Rohkost, Obst, Gemüse, bevorzugen. Regelmäßig Joghurt essen. Auch Sauerkraut, Leinsamen und eingeweichte Trockenpflaumen helfen.

Wehen

Ätherische Öle: Muskatellersalbei, Rose, Ylang Ylang

Anwendung: 14 Tropfen Muskatellersalbei, 5 Tropfen Rose und 5 Tropfen Ylang Ylang mit 50 ml Sojaöl mischen. Wehenmassage im unteren Rückenbereich damit ausführen.

Wunden

Ätherische Öle: Teebaum, Lavendel, Cajeput

Anwendung: Ein paar Tropfen Teebaum und 5 Tropfen Lavendel mit 75 ml Johanniskrautöl und 25 ml Aloe-Vera-Öl mischen. Auf die Wunde auftragen.

Wundheilung

Ätherische Öle: Lavendel, Geranie, Rosmarin, Origanum, Ysop

Anwendung: Ein paar Tropfen Ysop, Geranie und Lavendel zu gleichen Teilen mischen. 2mal täglich auf die Wunde auftragen. 8 ml Lavendel, 6 ml Geranie und 1 ml Origanum mischen und regelmäßig auftragen.

Zahnen, schmerzhaftes

Ätherisches Öl: Kamille

Anwendung: 1 Tropfen Kamille auf den Finger geben. Zähne und Zahnfleisch sanft damit massieren. Öfter wiederholen.

Zahnfleischbluten

Ätherische Öle: Pfefferminze, Teebaum, Lavendel, Zitrone, Thymian

Anwendung: 4 Tropfen Pfefferminze, 5 Tropfen Teebaum, 5 Tropfen Lavendel, 5 Tropfen Zitrone und 1 Tropfen Thymian mit 100 ml destilliertem Wasser mischen (oder 100 ml Rosenhydrolat), 1 TL der Mischung auf 1/2 Glas Wasser geben, zum Mundspülen benutzen.

Zahnfleischentzündung

Ätherische Öle: Zitrone, Lavendel, Kamille

Anwendung: 1 Tropfen Lavendel und Kamille auf den Finger geben. Zahnfleisch sanft damit massieren. Mehrmals täglich den Mund spülen.

Zahnschmerzen

Ätherische Öle: Pfefferminze, Nelke, Koriander

Anwendung: 1 Tropfen ätherisches Öl auf die Hand geben. Zahn und Zahnfleisch damit massieren.

Tip: Eine Gewürznelke lutschen.

Zellulitis

Ätherische Öle: Zypresse, Lavendel, Zitrone, Rosmarin, Grapefruit.

Anwendung: Je 2 Tropfen ätherisches Öl ins Bad geben; danach kalt duschen. 7 Tropfen Zypresse mit 10 ml Sojaöl und 4 Tropfen Weizenkeimöl mischen, betroffene Stellen regelmäßig damit massieren. 10 Tropfen Grapefruit, 5 Tropfen Zypresse und 4 Tropfen Rosmarin mit 75 ml Jojoba- und 25 ml Aloe-Vera-Öl mischen. Als Massageöl für die betroffenen Stellen verwenden.

Tip: Auf ausreichende Bewegung und Flüssigkeitszufuhr sowie vitamin- und mineralstoffreiche Ernährung achten. Täglich Wechselduschen vornehmen.

Zyklusstörungen

Ätherische Öle: Zypresse, Muskat, Petersilie, Estragon, Anis, Basilikum, Muskatellersalbei, Origanum, Teebaum, Wacholder

Anwendung: Bäder, Inhalationen, Bauch- und Solarplexus-Massagen.

Tip: Siehe auch unter prämenstruellem Syndrom, Klimakterium.

Zubereitungsformen und Rezepturen für ätherische Öle

Wohnraumaromatisierung

Dekorativ und praktisch ist die Verwendung von Aromalampen, die in Naturkostläden, „Duftläden" und von vielen Töpfereien angeboten werden. Man kann zwischen Modellen aus Keramik, Porzellan oder Glas wählen. Die Lampen halben eine kleine, muldenförmige Vertiefung, die mit Wasser gefüllt wird. Um Kalkrändern vorzubeugen, sollte es möglichst gefiltertes, kalkfreies Wasser sein. Ein daruntergestelltes Teelicht oder eine elektrische Glühbirne erhitzen das Wasser bis zum Verdampfen.

Wichtig ist ein ausreichender Abstand zwischen Wärmequelle und Wasser, damit das Wasser nicht zu heiß wird und zu schnell verdampft. Am Anfang tut es auch ein Schälchen mit Wasser, im Winter auf die Heizung gestellt. Je nach Duftintensität des gewählten Öles werden fünf bis 15 Tropfen Essenz hinzugefügt. Man kann auch mit Mischungen verschiedener ätherischer Öle experimentieren.

Durch das langsame Verdunsten wird die Raumluft aromatisiert, und man erfährt, je nach Ölauswahl, eine erfrischende, anregende oder beruhigende Wirkung. In Grippezeiten können die Duftstoffe als „Keimkiller" eingesetzt werden. Besonders keimtötend in ihrer Wirkung sind Eukalyptus, Thymian, Salbei, Zimt, Lavendel, Pfefferminze und Zitrone.

Saunaaufguß

Für Saunafreunde sind die natürlichen Essenzen eine wunderbare Unterstützung zum Schwitzen und

Entgiften! Besonders geeignet sind herbe Düfte, z.B. aus den Baumessenzen Latschenkiefer, Meerkiefer oder Zeder. Erfrischend wirken Zitrone und Lemongrass.

Sie können sich auch eigene Saunamischungen herstellen. Für die Anwendung rechnet man etwa fünf Tropfen pro Wasserkelle. Die üblichen Saunamischungen im Handel sind häufig aus synthetischen Duftstoffen zusammengesetzt.

Inhalation

Inhalationen helfen bei Erkältungen der Atemwege und bei Asthma. Neben der altbewährten Methode mit Schüssel und Handtuch gibt es elektrische Diffusionsgeräte, auch Aerosole genannt, die die Duftstoffe anhaltend in der Luft verteilen. Für unterwegs kann man sich mit einem Taschentuch behelfen, das mit fünf bis zehn Tropfen Essenz benetzt wird. Man hält es dicht vor die Nase und atmet tief ein. Eine gute Hilfe bei Reiseübelkeit!

Gesichtsdampfbad

Für ein wohltuendes Gesichtsdampfbad füllen Sie heißes Wasser in einen großen Topf oder eine ausladende Schüssel und fügen drei bis fünf Tropfen des gewählten Öles hinzu. Beugen Sie den Kopf tief über die Schüssel und legen Sie ein Handtuch, das groß genug ist, um Kopf und Schüssel zu bedecken, darüber. Der Wasserdampf öffnet die Poren und reinigt die Haut. Anschließend wird die

Haut mit kaltem Wasser oder Gesichtswasser abgewaschen. Die schonendste Methode ist, das Gesicht mit einem feuchten Tuch abzutupfen.

Für empfindliche Haut eignen sich besonders Kamille oder Neroli als Essenzen. Salbei und Lavendel wirken desinfizierend bei Mitessern.
Vorsicht: Keine Anwendung von Gesichtsbädern bei geplatzten Äderchen!

Gesichtsöle

Gesichtsöle können individuell hergestellt werden, indem man ein gutes, kaltgepreßtes Öl mit einigen Tropfen Essenz vermischt. Als Grundöle eignen sich Jojobaöl und Aloeöl. Jojobaöl führt der Haut wichtige Nährstoffe zu. Auch hat es entzündungshemmende Eigenschaften und den Vorteil, nicht ranzig zu werden. Selbst geruchlos ist es eine ideale Kosmetikgrundlage. Für empfindliche, trockene, zu Entzündungen neigende Haut ist Aloeöl zu empfehlen, das auf die Haut regenerierend und feuchtigkeitsregulierend wirkt. Seine Haltbarkeit ist auf maximal ein Jahr begrenzt.

Vorschläge für Gesichtsöle

Auf 100 ml fettes Öl rechnet man etwa 15 Tropfen ätherisches Öl. Die Mischung muß gut verschüttelt werden.

Normale Haut: Jojobaöl mit Rose, Neroli, Karottensamen.

Trockene Haut: Aloeöl mit Römischer Kamille, Jasmin, Rose, Honig.

Empfindliche und entzündete Haut: Aloeöl mit Deutscher Kamille, Neroli, Cistrose, Geranie.

Fettige Haut: Jojobaöl mit Lavendel, Lemongrass, Cistrose, Zypresse.

Unreine Haut/Akne: Jojobaöl mit Thymian, Schafgarbe, Bergamotte, Zeder.

Altershaut: Aloeöl mit Vetiver, Ylang Ylang, Muskatellersalbei.

Gesichtscremes

Auch Gesichtscremes lassen sich entsprechend der verschiedenen Hauttypen ohne chemische Zusatzstoffe herstellen. Ausführliche Anleitungen finden sich in der Literatur zur Naturkosmetik. Eine selbstgemachte Creme hält sich etwa sechs Wochen im Kühlschrank.

Cremegrundlage: 20 g Lanolin, 6 g Kakaobutter, 10 g Bienenwachs, 30 g Mandelöl, 20 g Avocadoöl,15 g Jojobaöl, 50 g Rosenwasser.
Lanolin, Kakaobutter und Bienenwachs werden im Wasserbad geschmolzen, anschließend Mandel-, Avocado- und Jojobaöl zugegeben. Auch das Rosenwasser wird erwärmt. Haben fette Masse und Rosenwasser eine Temperatur von 75–70 °C erreicht, vermischt man sie unter ständigem Rühren. Abschließend werden die ätherischen Öle zugefügt.

Essenzen für normale bis trockene Haut: Rose, Ylang Ylang, Rosenholz, Tuberose.

Essenzen für normale bis fette Haut: Lavendel, Bergamotte, Petit Grain, Orange, Zitrone, Eukalyptus.

Essenzen für empfindliche Haut: Honig, Sandelholz, Kamille, Lavendel.

Gesichtsmasken

Vor dem Auflegen einer Gesichtsmaske muß das Gesicht gründlich gereinigt werden, und die Haare werden zurückgebunden.

Belebende Maske

2 EL pulverisierte Gerste mit 2 EL Honig, 2–3 EL Milch, 2 Tropfen Wasserminze und 2 Tropfen Grapefruitessenz gut verrühren. Die Masse soll gut streichfähig sein. Sie wird gleichmäßig auf Gesicht und Hals aufgetragen (die Augenpartie dabei aussparen) und 30 Minuten auf der Haut belassen. Anschließend wird die Maske mit kaltem Wasser abgewaschen und eine Feuchtigkeitscreme aufgetragen. Eine erfrischende Maske für müde Haut.

Schönheitsmaske

2 Dotter mit 1 EL Mandelöl und 3 Tropfen Rosenessenz, Sandelholz oder Ylang Ylang gut ver-

rühren. Die Maske etwa 20 Minuten einwirken lassen und anschließend mit lauwarmem Wasser abspülen. Diese Maske ist ideal für trockene und empfindliche Haut.

Die ätherischen Öle können gemäß dem Hauttyp variiert werden (siehe auch die Empfehlungen für Gesichtsöle und Cremes).

Lippenbalsam

3 TL Bienenwachs im Wasserbad schmelzen, mit 3 TL Mandelöl verrühren und mit Vanille- oder Benzoeessenz aromatisieren.

Haarshampoos

Auch Haarshampoos mit persönlicher Duftnote oder auf das persönliche Haarproblem abgestimmt, können leicht selbst hergestellt werden. Als Grundlage verwendet man ein geruchloses, neutrales Shampoo, das es in Naturkostläden oder Zutatenläden für Hobby-Kosmetikhersteller zu kaufen gibt.

Vorschläge für Haarshampoos

Beginnen Sie mit einer kleinen Menge geruchlosem Shampoo, ausreichend für eine Haarwäsche. Füllen Sie das Shampoo in ein kleines Schälchen und mischen Sie es gründlich mit der gewählten Essenz. Auf 10 ml Shampoo rechnet man ca. 1 Tropfen ätherisches Öl. So können Sie einige

Haarwäschen lang experimentieren, bis Sie Ihren Duft gefunden haben.

Trockenes Haar: Honigöl, Ylang Ylang.

Fettiges Haar: Lavendel, Zitrone, Meerkiefer.

Zur Aufhellung für blondes Haar: Zitrone, Lemongrass.

Zur Farbintensivierung bei dunklem Haar: Rosenholz, Sandelholz.

Gegen Schuppen: Schafgarbe, Zypresse.

Durchblutungs- und haarwuchsfördernd: Rosmarin.

Brüchiges Haar: Sandelholz, Ylang Ylang

Selbstgemachte Shampoogrundlage

2 Dotter, 2 EL Rum und ca. 3 Tropfen des gewählten ätherischen Öles gut miteinander verrühren, oder:
1 Dotter, 50 ml Bier, 1 EL Rum und ca. 3 Tropfen ätherisches Öl gründlich miteinander verrühren.

Haarkuren

100 ml Jojobaöl mit 1 ml Rosmarinessenz, 1 ml Wacholderessenz und 0,5 ml Zypressenessenz gut verschütteln. Vor der Haarwäsche gründlich in die Kopfhaut einmassieren, mit einem warmen Tuch

abdecken und 30 Minuten einziehen lassen. Danach gründlich ausspülen, oder:
20 g Johanniskrautöl mit 1 Dotter, 5 g Obstessig, 5 Tropfen Wacholderessenz, 5 Tropfen Zederessenz und 5 Tropfen Zitronenessenz gut vermischen, in das Haar einmassieren und 30 Minuten (mit einem warmen Tuch bedeckt) einziehen lassen. Anschließend die Haare gründlich waschen.

Körper- und Massageöl

Die Grundlage wertvoller Körper- und Massageöle bilden unraffinierte, kaltgepreßte Pflanzenöle wie süßes Mandelöl, Jojobaöl, Aloeöl, Weizenkeimöl, Olivenöl oder Haselnußöl. Auf 100 ml Pflanzenöl rechnet man etwa 15–25 Tropfen ätherisches Öl bzw. einer Ölmischung.

Körperpflegeöl

100 ml Jojobaöl mit Zimt, Rose, Jasmin, Ylang Ylang, Sandelholz.

Körperöl „Relax“

Ein entspannendes Öl zum Einreiben nach einem abendlichen Bad oder für eine entspannende Massage:
Man vermischt 100 ml süßes Mandelöl mit Neroli, Zeder, Orange, Mandarine oder Honig.
Süßes Mandelöl ist ein kostbares, die Haut nährendes Öl, passend für jeden Hauttyp.

„Guten Morgen-Öl“

Zum Einmassieren nach dem morgendlichen Duschen oder für müde Beine:
100 ml Jojobaöl mit Rosmarin, Zitrone oder Eisenkraut.

„Bauch-Öl“ für werdende Mütter

Pflegt die Haut und hilft Schwangerschaftsstreifen zu vermeiden:
80 ml süßes Mandelöl mit 20 ml Weizenkeimöl und Rose sowie Neroli oder Honig. Weizenkeimöl enthält besonders viel hautpflegendes Vitamin E. Anderen Ölen beigesetzt, verlängert es deren Haltbarkeit, da Vitamin E die ungesättigten Fettsäuren vor Oxidation schützt.

Sportleröl

Hilft bei Muskelverspannungen; um physische Blokkaden zu lösen, benötigt man eine höhere Konzentration an ätherischem Öl:
Auf 100 ml Jojobaöl rechnet man 25–30 ml ätherisches Öl (Rosmarin, Wiesenkönigin, Zimt oder Zirbelkiefer).

Sonnenschutzöl

Dieses Öl schützt die Haut vor zu starker Sonneneinstrahlung und verringert zugleich ihre Lichtempfindlichkeit:

100 ml Olivenöl mit Karottensamenessenz und/oder Zitrone.
Wer den starken Eigengeruch von Olivenöl nicht mag, kann ersatzweise Jojobaöl verwenden.

Sonnenbrandöl

Ein Öl zum Heilen und Beruhigen der Haut, wenn der Sonnenbrand schon da ist:
100 ml Olivenöl oder Aloeöl mit Lavendel.

Pflegeöl für fettige und unreine Haut

50 ml Jojobaöl mit 50 ml Mandelöl und Geranium, Lavendel und Zitrone (etwa je 1 ml).

Pflegeöl für empfindliche, sensible Haut

40 ml Mandelöl mit 60 ml Jojobaöl und Kamille, Sandelholz und Honig (etwa je 1 ml).

Kräftigungsöl

80 ml Mandelöl, 20 ml Jojobaöl, 10 ml Weizenkeimöl mit Sandelholz und Zeder.

Aphrodites Öl

80 ml Mandelöl, 20 ml Weizenkeimöl, Ylang Ylang und Vetiver.

Heilöle

Einreibungen mit wertvollen Körperölen pflegen nicht nur die Haut, sondern haben auch heilende Wirkungen, z. B. bei Hauterkrankungen, Rheuma, Erkältungen, Koliken.

Heilöl bei Erkrankungen der Atemwege

100 ml Jojobaöl mit Latschenkiefer und Eukalyptus.

Heilöl für chronische Hautausschläge und Akne

100 ml Jojobaöl oder Olivenöl mit Zeder und Rose.

Heilöl bei prämenstruellem Syndrom

100 ml Mandelöl mit Ylang Ylang und Neroli.

Heilöl bei Wunden und Hautallergien

100 ml Calendulaöl mit Schafgarbe.

Heilöl bei Rheuma und Durchblutungsstörungen

100 ml Mandel- oder Olivenöl mit Rosmarin, Wacholder, Angelika und Kamille.

Heilöl bei Koliken und Unterleibsverspannungen

100 ml Oliven- oder Mandelöl mit Muskatellersalbei, Sandelholz und Orange.

Badezusätze

Duftkompositionen für Bäder setzen der Phantasie keine Grenzen. Zu beachten ist, daß die ätherischen Öle nicht direkt dem Badewasser zugesetzt werden können, da sie sich mit Wasser nicht mischen. Man kann sie mit natürlichen Emulgatoren wie Milch, Sahne oder Honig, einer neutralen Seifenlösung, mit Meersalz oder Badekleie versetzen. Das Gemisch gibt man am besten vor dem Wassereinlaufen in die Wanne.

Dosierung: 10–15 Tropfen ätherisches Öl oder einer Duftmischung auf 2 Tassen Milch, je 4 EL Honig, Sahne, Neutralseifenlösung oder Meersalz.
Man benötigt 200 g Badekleie, die man in einem Säckchen in die Wanne hängt. Das ätherische Öl soll immer gründlich mit der entsprechenden Zutat vermischt werden.

Vorschläge für Vollbäder

Entspannend: Honig, Rosenholz, Orange, Sandelholz, römische Kamille, Melisse.

Anregend und erfrischend: Zitrone, Limette, Wiesenkönigin, Minze, Zirbelkiefer, Lavendel.

Pflegend: Jasmin, Sandelholz, Ylang Ylang, Rose, Kamille, Neroli, Patschuli, Honig.

Durchblutungsfördernde und entkrampfende Sitzbäder: Majoran, römische Kamille, Cistrose, Schafgarbe, Zypresse.

Belebende Fußbäder: Angelika, Rosmarin, Lemongrass, Zirbelkiefer.

Vorschläge für Ölmischungen

Erwärmungsbad: Rosmarin mit Thymian und Zeder.

Grippebad: Eukalyptus mit Salbei und Thymian.

Kreislaufbad: Rosmarin mit Thymian und Zypresse.

Abendbad: Jasmin mit Rosenholz und Zeder.

Hautpflegend: Kamille mit Geranium und Honig.

Kompressen

Heiße und kalte Kompressen wirken entspannend, beruhigend sowie klärend und reinigend auf die Haut. Sie sind ideal als Vorbehandlung für eine Gesichtsmassage; abends vor dem Schlafengehen öffnen sie die Poren, damit die anschließend aufgetragene Creme in die Tiefe einziehen kann.

Vorsicht: Bei geplatzten Äderchen ist von der Anwendung von Kompressen abzuraten!

Anwendung: Man füllt etwa 2 l heißes oder kaltes Wasser in eine Schüssel, fügt 2–5 Tropfen des gewählten ätherischen Öles hinzu, tränkt ein feines Mulltuch oder eine Kinderwindel damit, drückt den Stoff etwas aus und legt ihn auf die entsprechende Hautpartie. Heiße Kompressen werden abgenommen, wenn sie auf Körpertemperatur abgekühlt sind.

Ätherische Öle für Gesichtskompressen: Rose, Jasmin, Neroli, Römische Kamille.

Heiße Kompressen für Magen- und Unterleibskrämpfe: Schafgarbe, Majoran, Fenchel, Römische Kamille.

Kalte Kompressen gegen Entzündungen und bei Fieber: Zitrone, Eisenkraut, Eukalyptus, Melisse.

Parfums

Die Parfumherstellung verbreitete sich ab dem 17. Jahrhundert. Zentren bildeten Deutschland und Frankreich. Zur Hochburg für den Vertrieb ätherischer Öle wurde die südfranzösische Stadt Grasse. Heute werden nur noch wenige klassische Parfums aus ätherischen Ölen komponiert. Der Großteil der modernen Parfumherstellung basiert auf synthetischen Duftstoffen. Diese Entwicklung hat einen Vorteil: Duftstoffe aus tierischem Material, die vor allem als Fixative dienten (z. B. Moschus), wurden überflüssig. Teilweise werden die synthetischen Duftstoffe auch mit Extrakten aus ätherischen Ölen kombiniert.

Die große Kunst der Parfumherstellung ist die geschickte Komposition der richtigen Duftstoffe, die einander ergänzen, sich ausgleichen und harmonisch zu einem neuen Duft verbinden. Substanzen, die pur wenig angenehm riechen, können in geeigneter und sparsamer Kombination bisweilen zu überraschenden Düften führen.

Ein Parfum soll immer individuell auf die jeweilige Person und ihre Ausstrahlung abgestimmt werden. Ebenso sind Tageszeit und Anlaß zu berücksichtigen. So sind morgens beispielsweise frische Duftnuancen geeignet, während in den Abendstunden schwere und sinnliche Düfte zur Wirkung kommen.

Für die Eigenherstellung sind etwas Übung und ein sensibler Geruchssinn notwendig. Verschiedene Möglichkeiten der Herstellung bieten sich an. Meistens wird eine Alkohollösung verwendet. Eine Lösung von 3 % ätherischen Ölen in 70 %igem Alkohol ergibt ein Eau de Cologne, eine Lösung von 4 % ätherischen Ölen in 70 % Alkohol ein Eau de Toilette und eine Lösung von 15–30 % ätherischen Ölen in 90 % Alkohol (Weingeist) ein Parfum bzw. Extrait.
Auch ein fettes Öl, wie Jojobaöl eignet sich als Basis für Essenzen. Das Parfum haftet dann länger auf der Haut.
Eine weitere Möglichkeit ist, die Essenzen unverdünnt miteinander zu mischen bzw. einzeln pur auf die Haut aufzutragen (Rose, Jasmin).
Die Vorgehensweise beim Mischen der Essenzen erleichtert das von dem französischen Parfumeur Piesse entwickelte Bausteinsystem. Danach besteht ein Parfum aus drei Gruppen: Spitzen- oder Kopfnoten, Mittel- oder Herznoten und Basisnoten.

Spitzennoten: Es handelt sich um Öle mit hoher Schwingung, die bei der Geruchswahrnehmung als erstes in die Nase stechen. Ihr Geruch ist meist als frisch, fruchtig oder spritzig zu beschreiben. Geeignet sind z. B.: Minze, Zitrone, Pamelmuse, Orange, Mandarine, Bergamotte, Lemongrass, Eisenkraut.

Mittel- und Herznoten: Sie tragen die charakteristischen Merkmale des Parfums. Ihre Duftnote ist weich, blumig und harmonisch. Beispiele für Herznoten sind: Melisse, Lavendel, Ylang Ylang, Geranie, Rose, Ysop.

Basisnoten: Sie sind am längsten zu riechen. Als sogenannte Fixative oder Duftverzögerer halten sie die anderen, schneller flüchtigen Düfte fest. Geeignet sind besonders Essenzen von Bäumen und Gewürzen, deren Duft warm und schwer ist. Geeignete Basisnoten sind: Myrrhe, Sandelholz, Zeder, Koriander, Muskat, Zimt, Patschuli, Eichenmoos, Vetiver. Mitunter kann die Eignung einer Essenz als Spitzen- oder Mittelnote vom Klima in ihrem Gewinnungsjahr abhängen.

Beim Mischen beginnt man mit der Basis, geht über zur Herznote und endet mit der Kopfnote. Während des Mischens hilft eine Schnupperprobe mit etwas verstrichenem Parfum auf der Haut. Der Duft soll „rund“ sein. Ist er zu schwer oder süßlich, gleicht man mit einem Tropfen herber oder spritziger Essenz aus.
Als Grundlage dient ein kleines Fläschchen mit ca. 10 ml Jojobaöl oder Weingeist.
Die Menge der verwendeten Essenzen richtet sich nach der jeweiligen Duftintensität und der Anzahl

der gewählten Essenzen. Als Anhaltspunkt kann man 10–20 Tropfen Essenz auf 10 ml Jojobaöl oder Weingeist rechnen.

Einnahme

Die Einnahme von ätherischen Ölen empfiehlt sich, mit Ausnahme der Anwendung in der Küche, nur im Rahmen der Behandlung durch einen erfahrenen Aromatherapeuten. Falsch dosiert kann die Schärfe der Essenzen die Schleimhäute reizen. Man verdünnt sie mit Honig oder Alkohol oder tropft sie auf ein Zuckerstückchen. Gern werden zur Einnahme die milden Hydroplate (oder Aquarome) verordnet. Da sie als Nebenprodukte der Wasserdampfdestillation anfallen, enthalten sie nur wenige Moleküle des ätherischen Öls, was sie für eine schonende, reizarme Einnahme besonders geeignet macht.

Kochen mit ätherischen Ölen

Bei der Verwendung in der Küche entfallten die ätherischen Öle sowohl Würz- als auch Heilkraft; sie führen zu ganz neuen Geschmackserlebnissen. In kleinen Fläschchen lassen sie sich problemlos im Gewürzregal unterbringen; Zitrusöle werden besser im Kühlschrank aufbewahrt.
In ihrer aromasicheren langen Haltbarkeit sind die Öle Trockengewürzen überlegen und ermöglichen das aromatische Geschmackserlebnis frischer Küchenkräuter auch im Winter. Streugewürze büßen aufrund ihrer feinen Zerkleinerung relativ schnell an Aroma ein.

Die Essenzen sind sehr sparsam im Verbrauch, da ihre Würzkraft sehr intensiv und durchdringend ist. Für ein Gericht, das für vier Personen berechnet ist, genügt durchschnittlich ein Tropfen Essenz.

Tips zur Zubereitung

Für eine gleichmäßige Verteilung im Gericht die ätherischen Öle vor Zugabe mit etwas Emulgator mischen. Geeignet sind Milch, Sahne, Eigelb, warme Butter und Speiseöl (kaltgeschlagen).
Für häufig gebrauchte Essenzen ist die Herstellung von Würzölen praktisch. Auf 100 ml eines guten, kaltgepreßten Öles, z. B. Sonnenblumen- oder Maiskeimöl, rechnet man 10 Tropfen des entsprechenden ätherischen Öles. Pro Gericht genügt etwa 1 TL Würzöl als Beigabe.
Gemüse und Kartoffeln nehmen die Aromastoffe beim Garen in Wasserdampf gut auf, wozu die Essenzen dem Kochwasser zugegeben werden. Die Verwendung eines Dampfdrucktopfes ist nicht anzuraten!
Für die Zubereitung von Desserts eignen sich Sahne, Créme fraîche, Eigelb, Honig, Ahornsirup, Birnendicksaft und Alkohol als Emulgator. Zur Vermeidung einer Überdosierung vermischt man zunächst einen Tropfen Essenz z. B. mit etwas Sahne oder Milch und gibt diese Mischung der Speise bei.
Dosierung für Süßspeisen:
Vanille: 2–4 Tropfen
Orange: 2–5 Tropfen
Zimt: 1 Tropfen
Ingwer: 1 Tropfen
Zitrone: 1 Tropfen

Essenzen aus frischen Küchenkräutern wie Dill, Petersilie, Thymian oder Estragon sollte man nur zu den Jahreszeiten verwenden, in denen die frischen Pflanzen nicht zur Verfügung stehen!

Rezepte

Fruchtiger Frühstücksjoghurt

Zutaten für 4 Personen: 4 Becher Naturjoghurt, 2 EL flüssiger Blütenhonig, 1 Tropfen Zitronenöl, 3 Tropfen Orangenöl, 1 Banane, 1 großer Apfel, 1 süße Orange, 2 EL geröstete Haselnußblättchen
Zubereitung: Joghurt mit Honig cremig rühren, Zitronen- und Orangenessenz dazutropfen und gut unterrühren. Obst in Stückchen schneiden und untermengen. Die Creme in Schälchen füllen und mit den Nüssen bestreuen.

Heiße Vanillemilch

Zutaten für 1 Glas: 1 Glas Milch, 1 TL Honig, 1 Schuß Rum, 1 Tropfen Vanilleessenz
Zubereitung: Milch erhitzen, Honig, Rum und Vanilleessenz unterschlagen und heiß servieren. Schmeckt auch mit Mandarine oder Kardamom.

Blattsalat in Kräuterdressing

Zutaten für 4 Personen: ca. 200–250 g Blattsalat (wie Kopfsalat, Eissalat, Radicchio, Feldsalat),

4 EL kaltgepreßtes Sonnenblumenöl, 2 EL Weinessig, je 1 Tropfen Pfeffer-, Majoran- und Thymianessenz, 1 kleine Zwiebel
Zubereitung: Salat waschen und gut trockenschleudern, für die Sauce Öl mit Essig und Essenzen gut verrühren und die feingehackte Zwiebel zufügen. Salat mit der Sauce locker mischen und sofort servieren.

Tagliatelle mit Schinken

Zutaten für 4 Personen: 4 Knoblauchzehen, 200 g gekochter Schinken, Olivenöl, 400 g Bandnudeln (Tagliatelle), 1 Becher Crème fraîche, Salz, 2 Tropfen Pfefferöl, 3 Tropfen Basilikumöl, Salz, Parmesan
Zubereitung: Knoblauch und Schinken fein hacken und in etwas heißem Olivenöl anbraten. Die Bandnudeln bißfest kochen, abtropfen. Crème fraîche mit Pfeffer- und Basilikumessenz verrühren und unter die Bandnudeln ziehen, Schinken zugeben, alles mischen, mit Salz abschmecken und nochmals kurz durchwärmen. Mit Parmesan servieren.

Kürbissuppe

Zutaten für 6 Personen: 1 kleiner Kürbis (etwa 900 g), 1 Zwiebel, 40 g Butter, Saft von 1 Orange, Meersalz, weißer Pfeffer, Honig, 2 EL Crème fraîche, gekörnte Gemüsebrühe, Weinessig, 1 Schuß Weißwein, je 1 Tropfen Orangen- und Ingweressenz, etwas Öl, 2 EL Kürbiskerne
Zubereitung: Kürbis vierteln und schälen, entkernen und Fruchtfleisch klein würfeln. Zwiebel hacken

und in der Butter glasig dünsten. Orangensaft mit 5/8 l Wasser aufkochen, Zwiebel und Kürbis zugeben, mit Salz, Pfeffer und einer Spur Honig abschmecken und etwa 8 Minuten köcheln lassen. Dann im Mixer oder mit einem Pürierstab cremig zerkleinern (kann auch durch ein Sieb passiert werden), Crème fraîche einrühren und mit Gemüsebrühe, Essig, Wein, Orangen- und Ingweressenz abschmecken. Kürbiskerne in Öl mit etwas Salz rösten und über die Suppe streuen.

Blattspinat mit Pinienkernen

Zutaten für 4 Personen: 1 kg Spinat, 1 Zwiebel, 1 Knoblauchzehe, 2 EL Butter, 1/2 TL Meersalz, 2 EL Crème fraîche, 1 Tropfen Muskatnußessenz, 2 EL Pinienkerne

Zubereitung: Spinat verlesen und die dicken Stiele entfernen, waschen und abtropfen. 100 g beiseite legen. Zwiebel und Knoblauch fein hacken und in 1 EL Butter goldbraun anbraten. Spinat zugeben und dünsten, bis die Blätter zusammengefallen sind. Mit Salz abschmecken. Den beiseite gestellten Spinat feingehackt zugeben, restliche Butter und Crème fraîche, vermischt mit Muskatnußessenz, unterziehen. Die Pinienkerne in der Pfanne goldgelb rösten und anschließend über das Gericht streuen.